Gilles Lescher

Le bon mix énergétique

Une approche rationnelle et raisonnable

Société D'édition X

Préambule

De la même façon que pour un long voyage, ou nous commençons par déterminer le meilleur itinéraire plutôt que de partir tête baissée et d'improviser en se demandant à chaque carrefour quelle direction est probablement la meilleure, dans le domaine de l'énergie, il convient d'avoir une vision à long, voire très long terme, pour ne pas s'égarer. L'énergie est en effet un outil indispensable à notre développement car les activités industrielles qui nous amènent confort et sécurité ne peuvent faire sans. A quoi bon donc construire un modèle de société s'il est évident que l'énergie que nous consommons est une denrée rare et épuisable à court terme ?

Évidemment, il est possible de répondre à cette question de manière optimiste, en faisant une confiance aveugle dans notre capacité à toujours progresser et à trouver dans les délais les solutions aux problèmes non maîtrisés que l'utilisation de ces sources d'énergie induisent. Cet optimisme caractérise l'Homme, et il est même une de ses qualités principales, puisque tant qu'il parvient à contrer à temps les problèmes qu'il engendre, il progresse. Malheureusement, l'Homme n'étant ni omnipotent ni omniscient, il arrivera un jour ou il échouera et se fera rattraper par son inconscience ou, si nous souhaitons ne pas trop l'accabler, son optimisme délirant.

Ce jour serait-il arrivé ? Il semblerait bien que oui, ou presque ! Aujourd'hui, plus personne ne remet en cause l'origine anthropique du réchauffement climatique que nous constatons. Pire encore, les projections montrent que le réchauffement actuel, déjà cause de nombreuses catastrophes écologiques et humaines (ouragans de plus en plus forts, phénomènes de pluies extrêmes, sécheresses dévastatrices...), va continuer à s'accentuer pendant encore quelques décennies quoi que nous fassions.

Ajoutons à ce tableau déjà noir que notre consommation énergétique ne peut que croître si nous ne changeons rien. D'une part à cause de notre expansion démographique, car si nous sommes environ 7,8 milliards d'individus en 2021, nous devrions être 11 milliards en 2100, selon l'hypothèse médiane de l'ONU. Mathématiquement, cette augmentation de la population mondiale ne peut que conduire à une hausse du besoin en énergie.

Un autre constat est que la consommation énergétique d'un individu est très variable selon le pays dans lequel il vit. Il s'agit d'une inégalité qui doit être combattue, car il est indécent, voire inadmissible, de laisser perdurer une situation qui veut que les chances de développement d'un individu ne soient pas les mêmes selon l'endroit ou il naît. Et comme il est inenvisageable que ce nivellement se fasse par le bas, cette égalité de traitement que j'appelle de mes vœux pousse encore à l'augmentation de la consommation totale d'énergie.

Il est donc grand temps de changer notre façon de penser. Jusqu'à présent, le besoin en énergie a toujours été poussé par notre volonté d'avoir toujours plus de confort. Cette approche était valable tant que l'approximation que notre activité restait suffisamment faible pour ne pas avoir de conséquences fâcheuses sur la nature était valable. Or, le réchauffement climatique que nous vivons actuellement, dont il est je le répète en l'état actuel de nos connaissances scientifiques difficile voire impossible de nier l'origine anthropique, nous montre que cette approximation n'est désormais plus valable.

Il nous faut donc changer radicalement notre façon de penser et d'agir. Au lieu de nous demander de combien d'énergie nous avons besoin pour vivre comme nous le souhaitons, il nous faut partir de la question de savoir de combien d'énergie durable nous pouvons disposer pour ensuite adapter notre mode de vie en conséquence.

Ce changement de paradigme est probablement assez violent. Mais ce n'est rien en comparaison de ce qui nous attend si nous n'agissons pas pour limiter la pollution de notre environnement ! Entre les conséquences du changement climatique et les conséquences néfastes des diverses pollutions que nous causons, nous modifions dangereusement notre environnement, à un point tel que nous mettons en péril nombre d'espèces. Déjà, plus de 700 ont disparu, et plus de 12000 sont menacées d'extinction. Un jour, ce sera au tour de la notre…

Dans ce contexte, l'objectif de ce livre est d'apporter sa modeste contribution aux réflexions déjà engagées sur le mix énergétique en évitant, autant que faire se peut, les positions dogmatiques. Il serait en effet dommage que pour résoudre un problème majeur qui met en danger a minima la survie de notre société technologique et a maxima celle de notre espèce, nous nous jetions à corps perdu dans une ou des solutions qui se révéleraient avoir des conséquences sur notre environnement au moins aussi graves que celles que nous souhaitons éliminer.

Donc après avoir définit quelques notions importantes, nous passerons en revue les différentes sources d'énergie connues, en analysant leurs avantages et leurs inconvénients. Cet examen sera fait rapidement pour celles que le réchauffement climatique disqualifie de manière évidente, et plus en détails pour les candidates au remplacement, pour finalement essayer de définir ce que serait le mix idéal.

Quelques notions importantes

Les définitions

Pour commencer, il convient de définir de quelles qualités les sources d'énergie que nous devons retenir dans notre mix énergétique doivent être dotées. Comme je l'ai écrit dans le préambule, nous devons avoir un vision sur le long terme. Les sources d'énergies éligibles doivent donc pouvoir être utilisées jusqu'à cet horizon, sans risquer de mettre en péril ni la survie de notre espèce, ni son développement technologique.

Je vais donc commencer par donner la définition de deux qualités importantes que ces considérations exigent.

Une énergie renouvelable

La première a trait au stock. Le bon sens nous apprend, de même que les sciences physiques, que les stocks en général, et donc ceux liés aux énergies en particulier, ne peuvent pas être infinis. Si nous voulons les utiliser sur du très long terme, il est important que les sources d'énergies aient la possibilité de se renouveler naturellement. J'appellerais celles qui ont cette caractéristique de "renouvelables", selon la définition ci-dessous :

> ***Une énergie est dite renouvelable s'il existe un mécanisme naturel non cataclysmique qui en reconstitue les réserves.***

Dans cette définition, la précision "non cataclysmique" est importante car tout type d'énergie est par principe renouvelable, d'une manière ou d'une autre. Pour les énergies renouvelables telles que le solaire ou l'éolien, l'énergie primaire est celle émise par le soleil. Il en est de même pour les énergies fossiles, qui ne sont que le résultat de la transformation d'êtres vivants, végétaux ou animaux, dont la vie a été rendue possible grâce à l'exploitation par les plantes de la lumière du soleil grâce à la photosynthèse.

Pour l'énergie nucléaire, il faut remonter aux origines de l'Univers. D'après les théories actuelles de la Physique (relativité restreinte et générale, mécanique quantique), l'ensemble de l'univers, matière et énergie, aurait été créé à partir d'un événement unique que nous appelons le "big bang". La "soupe" de particules élémentaires qui est apparu alors s'est lentement organisée, puis agglutinée en certains endroits pour former des étoiles. En leur sein, des réactions de fusion nucléaire ont généré les éléments chimiques les plus légers. Les étoiles les plus grosses, bien plus grosses que notre Soleil, ont ensuite terminé leurs vies dans de gigantesques explosions appelées supernovæ. Ce phénomène a permis la production des éléments lourds que nous connaissons, avec parmi eux, l'uranium. Mais inutile de vous dire qu'il vaut mieux être à grande distance de ces événements pour espérer rester en vie et pouvoir profiter de ce en quoi ils enrichissent l'univers…

Une énergie durable

Le deuxième concept important est lié à la durée d'exploitation de la source d'énergie, que j'appelle sa "durabilité". Je définirais donc une énergie durable comme suit :

> **Une énergie est dite durable si sa vitesse de renouvellement ou ses réserves lui permettent de participer à couvrir les besoins de l'humanité jusqu'à la fin de vie de la Terre et sans mettre en péril l'équilibre écologique.**

Ici, un premier horizon de vision apparaît : la fin de la vie de la Terre. Il aurait été possible de se limiter à la durée d'une civilisation humaine, mais leur durée est variable et non prédictible. Ensuite, l'histoire nous montre que quand une civilisation s'effondre, une autre apparaît. Comme cette nouvelle devra se poser les mêmes questions sur le mix énergétique que celles qui l'ont précédée, dans ma réflexion, ce ne serait donc que reculer pour mieux sauter.

Mais quelle est donc l'espérance de vie de la Terre ? Selon les connaissances scientifiques actuelles, et si nous ne prenons pas en compte les éventuels événements catastrophiques et imprévisibles qui pourraient intervenir plus tôt, comme par exemple la chute d'un météore géant, elle est limitée par deux facteurs :

- La durée de vie du soleil. Celui-ci devrait s'éteindre dans environ 4,5 milliards d'année. Un peu avant, son passage au stade de géante rouge fera que la Terre se retrouvera à l'intérieur du soleil, et il en sera alors fini de toute vie.

- La présence d'un noyau de fer liquide au centre de le Terre qui, du fait de la rotation de la Terre sur elle-même, engendre le champ magnétique que nous connaissons. Ce champ magnétique nous protège du vent solaire, constitué d'un flux de particules chargées émises par le soleil et mortelles pour toute vie. Lorsque ce champ magnétique cessera d'exister, c'est à dire lorsque le noyau se sera refroidit tellement qu'il sera devenu solide, le vent solaire ne sera plus détourné de notre planète. Il soufflera alors totalement notre atmosphère. En l'absence de pression atmosphérique, toute l'eau présente à la surface de la Terre se mettra à bouillir. Lacs, mers et océans disparaîtront alors en moins de temps qu'il faut pour le dire. Toute vie sur Terre deviendra alors bien entendu impossible, en surface tout du moins, car il restera probablement possible pour certains micro-organisme de survivre dans les profondeurs de la Terre. Cette disparition du champ magnétique terrestre devrait intervenir dans quelques milliards d'années.

Je devine que le lecteur retrouve ici un peu d'optimisme, car 4,5 milliards d'années représente une durée extrêmement longue à l'échelle humaine. Il nous reste donc encore pas mal de temps pour prospérer sur la planète qui nous a vu naître. Malheureusement, ce constat doit être relativisé. Cette durée correspond en effet aussi à l'âge de la Terre, qui est donc au milieu de sa vie...

La progression de notre société technologique étant de plus en plus rapide, il ne semble pas farfelu de penser que le temps qui nous reste est suffisant pour mettre au point des solutions technologiques qui nous permettront de fuir l'enfer que la Terre est destinée à devenir. Mais il ne faut pas oublier que le travail à accomplir pour espérer un jour quitter la Terre dans des vaisseaux spatiaux nous assurant des conditions de vie permettant notre survie pendant des années, des dizaines d'années, des siècles voire encore plus, n'est pas une tâche aisée. La maîtrise d'une telle technologie prendra forcément beaucoup de temps, d'énergie, et de ressources naturelles.

Pour ces dernières, il nous faut donc déjà penser à ne pas les dilapider trop rapidement. N'oublions pas que, pour l'instant, nous ne sommes pas allé plus loin que la Lune, et seulement pour un court séjour!

D'un autre côté, si la planète n'est pas en danger immédiat, les activités humaines mettent grandement en danger l'équilibre du climat qui a permis à l'humanité de se multiplier et de coloniser toute sa surface. Le réchauffement climatique d'origine anthropique, beaucoup plus violent et rapide que ceux qui ont pu se produire au cours de la déjà longue histoire de la Terre, met gravement en danger l'espèce humaine, ou au moins sa capacité à maintenir une civilisation technologique lui apportant tout le confort moderne. Les catastrophes naturelles qui se multiplient, les déserts qui avancent, les arbres des forets qui n'arrivent pas à "se déplacer" assez vite vers le nord (ou le sud si nous habitons dans l'hémisphère sud) pour qu'ils puissent se perpétuer naturellement, l'érosion des sols, la chute de la biodiversité, les effets des pesticides sur les pollinisateurs, ... mettent gravement en danger nos capacités à assurer notre subsistance. Dans ces conditions, il sera probablement difficile de maintenir une population humaine aussi nombreuses qu'actuellement dans les décennies ou siècles à venir, mais il sera encore plus probablement difficile de conserver une civilisation prospère. La lutte pour la survie passant avant le reste, révoltes, émeutes, guerres civiles ou non sont à craindre, et il n'en résulte jamais rien de bon. Le résultat est en effet en général un bond en arrière en termes d'évolution de la civilisation.

Si nous voulons éviter d'en arriver à ce sombre tableau, l'élément central du problème étant l'usage trop important d'une énergie polluante, il faut nous diriger, le plus vite possible, vers une situation ou notre usage de l'énergie est raisonnable, c'est à dire qu'il soit le plus efficace possible et que les énergies que nous utilisons soient à la fois renouvelables et durables, selon les définitions données précédemment.

En complément des définitions de ces deux caractéristiques essentielles qu'une source d'énergie devrait posséder pour être éligible à notre mix énergétique idéal d'un point de vue purement théorique, une autre caractéristique a aussi une importance majeure, mais du point de vue pratique cette fois-ci. Il s'agit de la pilotabilité.

La "pilotabilité"

Tout au long d'une journée, et d'une saison à l'autre, nos besoins en énergie varient considérablement. Il est donc important que notre système de production d'énergie, que ce soit sous forme de chaleur ou d'électricité, puisse suivre exactement ce profil de consommation pour éviter tout gaspillage. Plus une technologie de production d'énergie sera capable de faire varier rapidement et sur une plage importante son niveau de production, et plus elle sera dite "pilotable" et donc intéressante pour nous.

Passons maintenant à quelques notions de sciences physiques, qui sont importantes pour une bonne compréhension des mécanismes qui seront ensuite exposés. Je rassure tout de suite ceux qui pourraient être allergiques aux sciences dites dures, car ces explications se feront sans le moindre recours au calcul mathématique.

Un peu de physique maintenant

Dans ce livre, qui se veut pédagogique et compréhensible par le plus grand nombre, nous allons quand même devoir faire appel à quelques notions de sciences physiques. Ce chapitre a pour but de les présenter de manière simplifiée, en essayant de ne donner que les clés nécessaires à une compréhension des phénomènes qui seront décrits ensuite, sans noyer le lecteur dans des discussions trop complexes. N'en déplaise aux puristes, quelques approximations se glisseront donc ici ou là.

Le Système International

Le Système International (SI) est le système décimal qui définit les unités de mesure de base. Celles-ci sont au nombre de sept :

- le kilogramme (symbole kg), pour quantifier les masses ;
- la seconde (symbole s), pour quantifier les durées ;
- le mètre (symbole m), pour quantifier les distances ;
- le Kelvin (symbole K), pour quantifier les températures ;
- l'ampère (symbole A), pour quantifier les courants électriques ;
- la mole (symbole mol), pour quantifier la quantité de matière ;

- et le candela (symbole cd), pour quantifier l'éclairement.

A partir de ces unités de base, il est possible de définir des unités pour tous les types de mesure possibles et imaginables. Ces unités dérivées, qui prenne la forme de produits ou de quotients de nombres ayant pour unité une de ces sept unités de base, se voient généralement attribué un nom et un symbole dédié. C'est le cas du Joule que nous évoquerons dans le paragraphe suivant et qui, ramené au Système International correspond à $1\,joule = 1 \cdot \frac{kg \cdot m^2}{s^2}$.

L'énergie

L'énergie est une quantité qui représente ce qu'il faut dépenser pour faire passer un système d'un état à un autre. L'inverse étant possible, de l'énergie peut être récupérer lorsque certains changement d'état se produisent. En mécanique par exemple, pour mettre en mouvement un objet, il faut lui fournir une certaine énergie, dont la valeur est obtenue en multipliant la force nécessaire à la mise en mouvement par la distance sur laquelle elle a été appliquée. La chaleur est un autre forme d'énergie, qui transite naturellement d'un milieu chaud vers un milieu plus froid.

L'énergie peut prendre plusieurs formes, passant de l'une à l'autre, sans qu'aucune perte ne soit à déplorer. La première et la plus palpable est celle de l'énergie cinétique.

En extrapolation du système international, l'unité de mesure de l'énergie est le joule. Dans le domaine de la production d'énergie, les unités utilisées sont plutôt le W.h (watt.heure) et ses multiples (kilowatt heure, mégawatt heure) ou la Tep (tonne équivalent pétrole), qui représente l'énergie que dégage la combustion d'une tonne de pétrole. Les formules de conversion sont données en annexe.

La puissance

Puissance et énergie sont parfois confondues mais, bien que reliées par une formule simple, ce sont deux concepts très différents.

La puissance se définit comme la capacité d'une installation à produire une certaine quantité énergie pendant un temps donné. Si nous ne travaillons que sur des valeurs de puissance et d'énergie constantes, pour éviter d'avoir à recourir au calcul différentiel, la relation qui relie puissance est énergie est la suivante :

$$P = \frac{W}{t}$$

P est la puissance en Watts, W est l'énergie en joules, et t est le temps en secondes.

L'énergie cinétique

L'énergie cinétique est celle qu'un objet en mouvement possède. Celle-ci est proportionnelle à la masse de l'objet et au carré de sa vitesse selon la formule suivante :

$$E_c = \frac{1}{2} \cdot m \cdot v^2$$

En appliquant une force augmentant la vitesse de l'objet, comme celle que peut fournir le moteur d'une voiture, l'énergie qu'elle apporte est convertie en vitesse donc énergie cinétique.

Dans un milieu totalement vide et dans lequel ne s'exercerait aucun champ de force, un objet ayant acquis une certaine énergie cinétique la conservera indéfiniment. Si, par contre, l'objet se déplace dans un milieu présentant des frottements, comme par exemple sur une surface rugueuse, les multiples contacts qu'il aura avec la surface absorberont une partie de cette énergie cinétique, provoquant le ralentissement de l'objet. Cette énergie absorbée ne disparaît pas, elle est simplement dissipée sous forme de chaleur. Au final, lorsque toute l'énergie cinétique aura été consommée, c'est à dire lorsque l'objet sera arrêté, la totalité de l'énergie cinétique que l'objet avait au début de l'expérience aura été dissipée sous forme de chaleur.

Si l'énergie ne se perd jamais, toutes ses formes ne se valent pas du point de vue de l'exploitation que nous pouvons en faire. Comme nous venons de le voir avec l'exemple de l'objet qui se déplace sur une surface rugueuse, il est très facile, voire trop facile puisque ce phénomène est plutôt pénalisant pour nos usages quotidiens, de transformer de l'énergie cinétique en chaleur. L'inverse n'est malheureusement pas vrai, et chauffer un objet ne le fera jamais accélérer. La chaleur est donc une forme d'énergie que nous pouvons qualifier de dégénérée, du fait que sa transformation directe dans une autre forme n'est que très difficilement possible.

L'énergie potentielle

Cette forme d'énergie correspond à celle qu'un objet placé dans un champ de force possède. Si le champ de force est en mesure de mettre en mouvement l'objet mais qu'un obstacle l'en empêche, comme par exemple lorsqu'une bille est placée sur une étagère à une certaine hauteur du sol dans le champ gravitationnel de la Terre, l'objet possède une énergie invisible, qui peut apparaître au grand jour si elle est convertie en une autre forme d'énergie. C'est ce qui se passe lorsque la bille tombe de l'étagère, son énergie potentielle se transformant en énergie cinétique du fait de l'accélération qu'elle subit pendant tout le temps de sa chute.

Énergies potentielle et cinétique se transforment très facilement l'une en l'autre. Une bille, placée sur la partie haute d'une surface en forme de "U", comme une piste de skateboard par exemple, et à condition qu'aucun frottement ne vienne dissiper une partie de l'énergie potentielle de départ, parcourera indéfiniment la piste, passant d'une énergie potentielle maximale et une énergie cinétique nulle lorsqu'elle sera en haut du "U" à une énergie potentielle minimale et une énergie cinétique maximale lorsqu'elle sera au niveau du point le plus bas du "U". Et comme aucune perte par frottement n'existe dans cette expérience idéale, cette énergie cinétique maximale correspond exactement à la différence entre les valeurs maximale et minimale de l'énergie potentielle.

A la surface de la Terre, l'énergie potentielle est induite par son champ de gravité. Lorsqu'un objet passe d'une altitude h1 à une altitude h2, sa variation d'énergie potentielle est donnée par la formule $E_p = m \cdot g \cdot (h2 - h1)$, avec m la masse de l'objet et g la pesanteur valant approximativement 9,81 m.s^{-2} à la surface de la Terre

Si l'altitude h2 est supérieure à l'altitude h1, l'objet gagne de l'énergie. A l'inverse, il en perdra si h2 est inférieure à h1. Chacun peut alors faire le lien avec la vie quotidienne, puisque tout le monde a forcément constaté qu'il est plus facile de faire descendre un objet que de le faire monter, car il faut dans le deuxième cas lui apporter de l'énergie alors que dans le premier il en cède pour nous aider à le déplacer.

La physique des particules

Lorsque nous évoquerons l'énergie nucléaire, nous devrons parler de certaines particules élémentaires, celles composants les atomes.

A proprement parler, les particules dont nous parlerons ne sont pas réellement élémentaires puisque la physique quantique nous a appris qu'elles pouvaient encore être divisées. Mais il s'agit d'un détail dont nous n'avons pas besoin ici.

Ces particules sont au nombre de trois : le proton, le neutron et l'électron. Pour comprendre leurs interactions au sein des atomes, il faut évoquer les différences forces élémentaires qui interviennent.

A l'échelle extrêmement petite des atomes, la force gravitationnelle, qui est celle qui nous est la plus familière puisque c'est elle qui donne un poids à tous les objets, et à nous même, est présente. Mais les masses en jeu étant à cette échelle tellement petite que l'amplitude des forces gravitationnelles que peuvent exercer ces particules les unes sur les autres est négligeable. Les trois autres forces sont en effet nettement plus puissantes qu'elle, ce qui leur donne en conséquence une influence fondamentale.

La deuxième force est la force électromagnétique. Elle joue un rôle important, car certaines de ces particules portent une charge électrique. Les charges électriques, qui peuvent être positives ou négatives, se repoussent lorsqu'elles sont de même signe et s'attirent sinon, comme deux pôles d'un aimant peuvent s'attirer ou se repousser selon qu'ils sont "nord" ou "sud".

La troisième force est la force forte. Elle permet aux particules élémentaires qui nous intéressent d'exister. Comme je l'ai déjà rapidement évoqué, ces particules ne sont pas vraiment élémentaires mais sont constituées d'un ensemble de particules encore plus petites, les quarks. La force forte, ou interaction forte, en maintenant la stabilité de l'assemblage de quarks, permet aux particules d'exister sur le long terme (10 millions de milliards de milliards de milliards d'année pour le proton!).

Enfin la dernière force est la force dite faible, aussi appelée interaction faible. Elle intervient dans la désintégration des composants subatomiques et est à l'origine de la fusion nucléaire qui se produit dans les étoiles.

Passons maintenant à la physique des particules, en examinant de plus près de quoi est réellement constituée la matière.

L'atome

Si nous prenons un morceau d'une matière composée d'un seul élément chimique, que nous qualifions donc de pure, et que nous le découpons en morceaux de plus en plus petits, il arrivera un moment ou le découpage ne sera plus physiquement possible. Ce plus petit morceau qu'il est possible d'obtenir est ce que nous appelons un atome. Il représente la plus petite quantité d'un élément chimique qu'il est possible d'obtenir.

Dans la nature, ces atomes peuvent rester seuls ou s'associer entre eux. Diverses réactions chimiques peuvent les faire se combiner pour donner ce que nous appelons une molécule.

Pour prendre l'exemple d'un gaz donc il sera régulièrement question dans la suite de ce livre, le CO_2, dont le nom complet est dioxyde de carbone, est une molécule qui comporte un atome de carbone et deux atomes d'oxygène.

Attention, pour que nous puissions parler de molécule, il faut qu'une réaction chimique se soit produite pour que les différents atomes soient totalement liés entre eux. Un mélange d'atomes non liés ne forme en aucun cas un mélange de molécules. L'exemple le plus courant est celui de notre atmosphère, qui contient principalement de l'azote, pour environ 80 %, et de l'oxygène, pour environ 20 %. Bien que nous attribuions à ce mélange le nom "d'air", la molécule d'air n'a aucune existence. L'air ne reste qu'un mélange de différents gaz.

Le proton

Les protons sont des particules possédant une masse et une charge électrique positive. Ils peuvent circuler seuls ou regroupés à plusieurs, généralement en compagnie de neutrons que nous étudierons un peu plus loin.

Le proton est extrêmement petit. Sa taille est estimée à un peu moins d'un femtomètre, soit moins d'un millionième de milliardième de mètre. Son poids est aussi extrêmement faible puisqu'il pèse environ $1,673 \times 10^{-27}$ kg, soit moins de deux milliardièmes de milliardièmes de milliardièmes de kilogramme !

Quant à la charge électrique qu'il porte, elle s'élève à 1,602 x 10^{-19} coulomb.

Chaque assemblage de proton, selon le nombre qu'il contient, se traduit à notre échelle par un élément chimique différent. Un seul proton et il s'agit d'hydrogène, deux protons et il s'agit d'hélium. S'il en contient 26, il s'agit de fer.

Vous pouvez trouver l'élément qui correspond au nombre de proton en vous référant au tableau périodique des éléments, établie par le chimiste russe Mendeleïev, dont vous trouverez une représentation complète un peu plus loin. Le nombre de proton apparaît dans chaque case, à l'emplacement

indiqué par la flèche (27 dans le cas du cobalt présenté ci-dessous).

L'électron

Contrairement au proton, l'électron est réellement, en tout cas selon les connaissances scientifiques actuelles, une particule élémentaire.

Il est beaucoup plus petit que le proton, puisque son rayon est estimé à moins d'un dix millième de milliardième de milliardième de mètre, soit près de 10 millions de fois moins que celui du proton.

Il est aussi extrêmement léger puisque sa masse est environ 1836 fois plus faible que celle du proton.

Quant à sa charge électrique, elle est égale à celle du proton, mais de signe opposé.

Dans la nature, les électrons peuvent être seuls ou accompagner les atomes. Dans un modèle désormais dépassé mais néanmoins suffisant pour notre approche simplifiée, l'atome est en effet composé d'un noyau, composé d'un assemblage de protons et de neutrons autour duquel orbitent des électrons. Ce modèle est qualifié de modèle planétaire, par comparaison avec le système solaire, ou le noyau prendrait la place du Soleil et les électrons ceux de ses différentes planètes.

Normalement, dans un atome, le nombre d'électrons est identique à celui des protons, ce qui le rend, au repos, électriquement neutre. Sous certaines conditions, un atome peut capturer ou éjecter un ou plusieurs électrons, ce qui lui donnera une charge électrique qui sera positive s'il perd des électrons et négatives s'il en capture. Il deviendra alors ce que nous appelons un ion. Cette évolution est bien évidemment réversible, puisqu'en capturant ou libérant des électrons, l'atome peut redevenir neutre électriquement parlant.

Les électrons, selon leur nombre, peuvent occuper une ou plusieurs "orbites", chacune ne pouvant contenir qu'un certain nombre d'électrons. Grossièrement, la couche portant le numéro n, la plus proche du noyau ayant le numéro 1, peut contenir au maximum $2 \cdot n^2$ électrons. L'orbite la plus externe est celle qui revêt le plus d'importance, car c'est elle qui conditionne en grande partie les propriétés chimiques d'un élément. Si elle est complète, c'est à dire si elle contient le maximum d'électrons qu'elle peut contenir selon la formule précédemment donnée, l'élément ne réagira que très peu avec les autres éléments. A l'inverse, si elle n'est pas pleine, elle interagira plus facilement avec les autres éléments.

Le neutron

Le neutron ressemble au proton. Sa masse est en effet assez semblable, puisqu'il ne pèse que 0,14 % de plus, de même que sa taille. Au niveau de la charge électrique, la différence est par contre flagrante puisque le neutron n'en possède aucune. Son nom vient d'ailleurs du fait qu'il est électriquement neutre.

Les neutrons peuvent voyager seuls, ou être intégrés à un ensemble de protons. Si le nombre de protons que contient l'assemblage permet de déterminer à quel élément il appartient, le nombre de neutrons, qui peut être variable pour un élément donné, conduit à l'existence de plusieurs variétés que nous nommons des isotopes.

Les propriétés d'un élément chimique, c'est-à-dire sa capacité à interagir avec d'autres éléments étant principalement conditionnée par le nombre d'électrons présents sur la couche externe, deux isotopes d'un même élément ont des propriétés chimiques voisines. Seule la différence de masse entraîne de légers changements, au niveau de la température de fusion, de la température d'ébullition et de la viscosité, ces trois paramètres augmentant un peu lorsque un isotope est remplacé par un autre comprenant plus lourd car contenant plus de neutrons.

Le nombre de neutrons n'est théoriquement pas limité, mais toutes les combinaisons que nous pourrions imaginer et produire ne sont pas viables. Pour certaines valeurs du nombre de neutrons, l'assemblage peut devenir instable, et se transformer spontanément et plus ou moins rapidement en un autre par désintégration. A titre d'exemple, alors que l'hélium 4 qui contient deux protons et deux neutrons est particulièrement stable, l'hélium 6, qui contient deux neutrons de plus, a une demi-vie de 0,8s. Avec un seul neutron de plus, l'hélium 5 pulvérise tous les records avec une demi-vie d'un millième de milliardième de milliardième de seconde !

Source : https://fr.wikipedia.org/wiki/Tableau_périodique_des_éléments#/media/Fichier:Tableau_périodique_des_éléments.svg

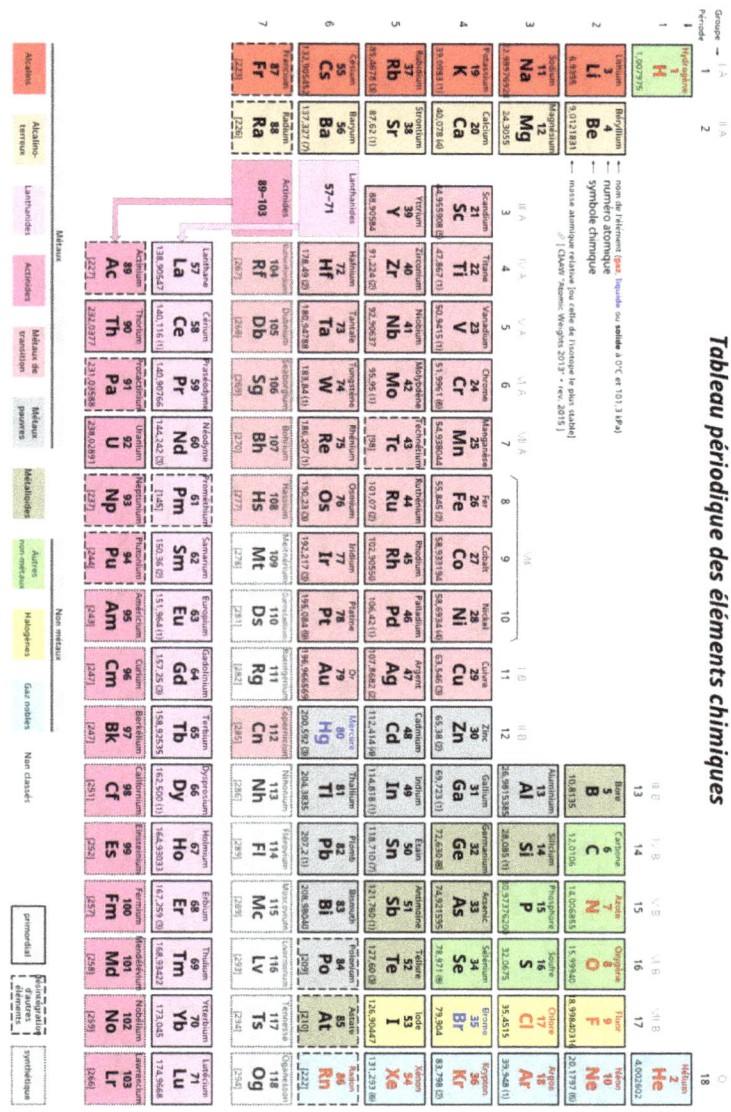

Ces explications étant données, examinons maintenant les différentes sources d'énergie possibles une par une, succinctement pour celles dont l'avenir est clairement derrière nous, et plus en détails pour les autres.

Le charbon

De nos jours, le charbon a mauvaise presse. Considéré comme la source d'énergie la plus émettrice de gaz à effet de serre, elle est la cible de beaucoup de critiques.

Malheureusement, elle reste une source d'énergie abondamment utilisée dans les pays à forte croissance, comme la Chine et l'Inde, et son utilisation, bien que répertoriée comme extrêmement préjudiciable à l'évolution du climat terrestre, se poursuit.

Ajoutons quand même un point positif en faveur du charbon, puisqu'il nous a permis de démarrer la révolution industrielle qui nous a conduit au niveau de développement que nous connaissons.

La formation du charbon

Depuis environ 360 millions d'années, début de la période géologique appelée le Carbonifère (littéralement "qui contient du carbone"), la végétation s'est développée. Au cours des millions de cycles de vie qui se sont succédés, les végétaux sont nés, ont vécus puis sont morts constituant une masse phénoménale de résidus. Ils se sont ensuite progressivement amoncelés sur le sol et, lentement, ont commencé à se transformer sous l'influence des animaux, des champignons et des bactéries qui s'en nourrissaient. Par endroits, du fait des mouvements de la croûte terrestre, ces dépôts ont pu être immergés puis recouverts de sédiments, soit directement enfouis sous terre.

Il a pu arriver que les lieux immergés refassent surface, et que ce cycle se reproduise plusieurs fois sur un même site, conduisant à des successions de couches pouvant contenir des végétaux morts, puis des sédiments, puis encore des végétaux morts, au gré de la variation du niveau des océans.

Au fur et à mesure, à cause de leur poids ou de la tectonique des plaques, ces couches ont pu progressivement s'enfoncer sous terre, ou elles ont rencontré des conditions favorables au processus de transformation en charbon, c'est à dire pression et température élevées.

Cette transformation des végétaux morts en charbon ne s'est pas faite instantanément mais a été très progressive. Au commencement, la transformation a produit de la tourbe, ou plutôt des tourbes puisque nous pouvons recenser la tourbe blonde, la tourbe brune et la tourbe noire, la couleur variant en fonction des matières organiques à partir desquelles elle s'est formée. Cette tourbe peut être exploitée directement, comme cela se fait encore par exemple en Irlande ou dans la centrale électrique de Chatoura en Russie.

Si l'enfouissement se poursuit, la tourbe se transforme en lignite. Il ne s'agit pas encore d'un charbon de haute qualité, puisqu'il ne contient qu'environ 55 à 75 % de carbone, mais il peut déjà être exploité. L'Allemagne dispose par exemple de grandes mines d'extraction de lignite à ciel ouvert, comme celle de la forêt de Hambach qui s'étend sur près de 45km^2 et qui devrait, à terme, atteindre les 85km^2.

Si les conditions de pression et de température continuent d'augmenter, à cause de la poursuite de l'enfoncement des couches, en combinaison avec l'augmentation de la durée de la cuisson sous pression que subissent les matériaux, la transformation continue et le taux de carbone augmente encore. Lorsqu'il se situe entre 75 et 90 %, le matériau obtenu prend le nom de "houille".

Enfin, si la cuisson se prolonge encore, le taux de carbone continue d'augmenter pour franchir la barre des 90 %. Le matériau obtenu prend alors le nom "d'anthracite", et il se situe à l'extrémité haute de l'échelle de qualité du charbon. Sa pureté lui assure en effet un pouvoir calorifique supérieur alors que sa combustion génère peu de déchets (cendres).

Ce phénomène de transformation continue de se dérouler de nos jours dans les lieux ou les conditions physiques et chimiques le permettent. Le charbon est donc une énergie renouvelable.

Les réserves de charbon

Mais ou, dans l'histoire de la Terre, ce phénomène s'est-il produit ?

Contrairement au pétrole, les réserves de charbon les plus importantes ne sont pas situées au Moyen Orient. Les pays les mieux servis sont :

- les États-Unis, avec environ 23 % des réserves ,
- La Russie, 15 %
- L'Australie, 14 %
- La Chine avec 13 %

A eux seuls, ces quatre pays concentrent plus de 65 % des réserves mondiales !

Au niveau de la production, la Chine est de loin le plus gros producteur, puisqu'elle produit à elle seule un peu plus de 50 % de la production mondiale.

En termes de quantité, les réserves mondiales sont estimées à un peu plus de 1000 Gt. En prenant la consommation actuelle comme référence, nous pouvons évaluer que ces réserves seront épuisées dans un peu moins de 150 ans. Il convient cependant d'être prudent, car toutes les réserves exploitables ne sont peut être pas encore toutes connues. De plus, le critère de la rentabilité économique de l'extraction fait varier les ressources exploitables à la hausse comme à la baisse. Mais comme il y a fort à parier que le coût de l'énergie ne fera qu'augmenter dans l'avenir, des réserves dont l'exploitation n'est pas rentable économiquement aujourd'hui changeront certainement de statut dans l'avenir

Conclusion

Pour en revenir à nos définitions de base, la source d'énergie "charbon", classée précédemment comme renouvelable, ne peut pas être classée comme "durable". La faiblesse des stocks disponibles, combinée à la durée du processus de formation extrêmement longue puisqu'elle se déroule sur des millions d'années, ne permettent en effet pas d'envisager une utilisation sur le long terme.

Ni durable, ni renouvelable à un rythme suffisant, l'utilisation du charbon est encore plombée par les rejets que provoque sa combustion. En premier lieu, la combustion du charbon émet énormément de gaz à effet de serre, nocifs pour l'évolution du climat terrestre. Ensuite, elle provoque aussi l'émission de particules fines nocives, a minima, pour les voies respiratoires. Il apparaît donc évident que le charbon ne doit pas avoir sa place dans le mix énergétique idéal que nous cherchons à déterminer.

Le pétrole et le gaz naturel

Source d'énergie très pratique, puisque son caractère liquide ou gazeux rend son exploitation nettement plus simple que celle des sources d'énergies solides, comme le charbon par exemple, pétrole et gaz ont permis de grandes avancées dans les domaines technologiques. Il est en effet bien plus facile d'extraire des profondeurs un liquide ou un gaz, car ils peuvent remonter à la surface par eux-mêmes grâce à la pression, qu'un composé solide qu'il faut aller extraire sur place en creusant le sol. L'autre avantage se situe au niveau de l'acheminement, des puits de forage jusqu'au lieux de consommation, grâce à l'utilisation des oléoducs et gazoducs.

Notre mobilité, en particulier, en a grandement profité. Le caractère liquide du pétrole a en effet permis d'équiper voitures, camions et aéronefs de moteurs thermiques dont le ravitaillement devenait simple et rapide. L'extraction du pétrole a aussi été extrêmement bénéfique à l'industrie chimique, qui a pu mettre au point nombre de nouveaux matériaux, le plastique étant le plus emblématique.

La formation du pétrole et du gaz

L'origine du pétrole est comparable à celle du charbon. Sa formation a elle aussi commencé il y a environ 350 millions d'années, et elle a aussi débuté par l'accumulation de matières organiques mortes (plancton, animaux, végétaux). La différence est que la formation doit se dérouler sous l'eau, ou ces résidus se mélangent avec des sédiments, et ou ils sont dégradés par des bactéries dans un milieu pauvre en oxygène. L'accumulation de cette "matière première" peut atteindre plusieurs centaines de mètres.

Comme pour le charbon, ces couches s'enfoncent de plus en plus profondément dans le sol, ou elles rencontrent des conditions de pression et de température qui augmentent. Jusqu'à une profondeur d'environ 1000m, des réactions chimiques créent ce que nous appelons le kérogène, matériau solide contenant principalement du carbone et de l'hydrogène.

A partir de 1000m, une deuxième transformation se produit et la matière première se transforme en ce que nous appelons "la roche mère", qui piège le kérogène qui reste présent sous la forme de filets.

Si l'enfoncement se poursuit, et avec lui l'augmentation de la température et de la pression, pétrole et gaz finissent par apparaître. La répartition de ces deux éléments est variable selon les conditions du milieu. Plus les conditions sont extrêmes et plus la part du gaz est importante.

Une fois le pétrole et le gaz fabriqués, selon les conditions géologiques de la région ou le phénomène s'est produit, ces composants finissent soit par migrer naturellement hors de la roche mère, soit ils restent piégés à l'intérieur.

Dans la première hypothèse, ils peuvent se retrouver ensuite piégés sous une couche imperméable et ainsi s'accumuler. Il s'agit du processus le plus favorable pour l'industrie pétrolière puisque le pétrole est alors en quantité abondante et que le gaz le maintien sous pression, de sorte qu'un forage le verra jaillir naturellement sous cette pression, du moins au début de l'exploitation du puit.

Lorsque gaz et pétrole restent piégés dans la roche mère, nous parlons de gaz de schistes. Leur exploitation est plus difficile car elle nécessite d'injecter de l'eau sous très haute pression pour fracturer la roche et ainsi libérer le pétrole et le gaz piégé. L'emploi de produits chimiques polluants et hautement inflammables est aussi nécessaire.

Ces techniques ne sont pas sans risques. La fracturation des roches a déjà provoqué de mini séismes et les produits chimiques utilisés, mélangés à d'énormes quantités d'eau, peuvent atteindre les nappes phréatiques et les polluer. La fracturation des roche ne pouvant pas être totalement maîtrisée, certaines fractures se produisent dans des directions qui ne sont pas celle du puit. Il en résulte des fuites de méthane par les sols, les rivières et même l'eau du robinet ! De nombreuses vidéos montrent l'eau du robinet qui s'enflamme lorsqu'un briquet allumé est approché.

Les stocks de pétrole et de gaz

Les réserves de pétrole et de gaz ne sont pas facile à évaluer, et les chiffres annoncés par certains pays peuvent être volontairement surévalués. Une des raisons pouvant pousser à cette surestimation, par exemple, est que pour les pays membres de l'OPEP, le quota de production accordé est proportionnel aux réserves connues. La tentation est donc grande d'augmenter artificiellement les chiffres dans le but d'obtenir un droit à produire plus important.

Il existe plusieurs définitions des réserves, ce qui n'aide pas non plus à la compréhension des chiffres. Ce sont les réserves prouvées, les réserves probables et les réserves possibles.

Les réserves prouvées sont celles dont nous sommes quasiment sûrs qu'elles pourront être exploitées avec les techniques actuelles et dont le coût d'extraction est proche de celui du marché économique actuel. Le "quasiment sûr" correspond à une probabilité d'extraction d'au moins 90 %.

Les réserves probables sont aussi celles que les conditions actuelles d'exploitation permettraient d'obtenir dans un futur proche, mais avec une probabilité moindre. Dans cette catégorie sont en effet placées les réserves dont la probabilité d'exploitation est de 50 %.

Enfin, il y a les réserves possibles. Ce sont les réserves que nous pourrions un jour être en mesure d'exploiter, sans qu'il ne soit encore possible de savoir comment et à quel coût. Ces réserves sont donc hautement spéculatives.

Si nous voulons faire une analyse un tant soit peu réaliste, seules les ressources prouvées doivent être prises en compte.

La carte ci-dessous montre la répartition des ressources mondiales prouvées de pétrole.

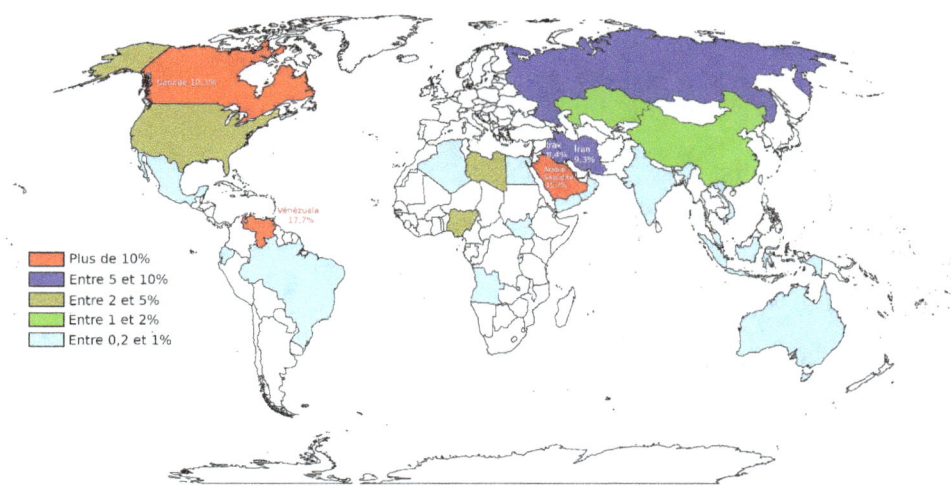

En termes de quantités, les réserves par pays apparaissent dans le tableau ci-dessous, en milliards de barils.

Pays	Réserves prouvées en 2019	Part des réserves mondiales
Venezuela	303,8	17,52 %
Arabie Saoudite	297,6	17,16 %
Canada	169,7	8,79 %
Iran	155,6	8,97 %
Irak	145	8,36 %
Russie	107,2	6,18 %
Koweït	101,5	5,85 %
Émirats Arabes Unis	97,8	5,64 %
États Unis	68,9	3,97 %
Libye	48,4	2,79 %
Nigeria	37	2,13 %
Kazakhstan	30	1,73 %
Chine	26,2	1,51 %
Qatar	25,2	1,45 %

Brésil	12,7	0,73 %
Reste du monde	107,3	6,19 %
Total monde	1733,9	100 %

Source : BP statistical review 2020

En comparant les réserves prouvées et notre consommation, nous pouvons calculer que le pétrole peut encore être exploité pendant environ 50 ans.

Pour le gaz, la somme totale des réserves prouvées est estimée, fin 2019 (source BP statistical Review) à près de 190 000 milliards de m^3, répartie au niveau mondial de la façon suivante :

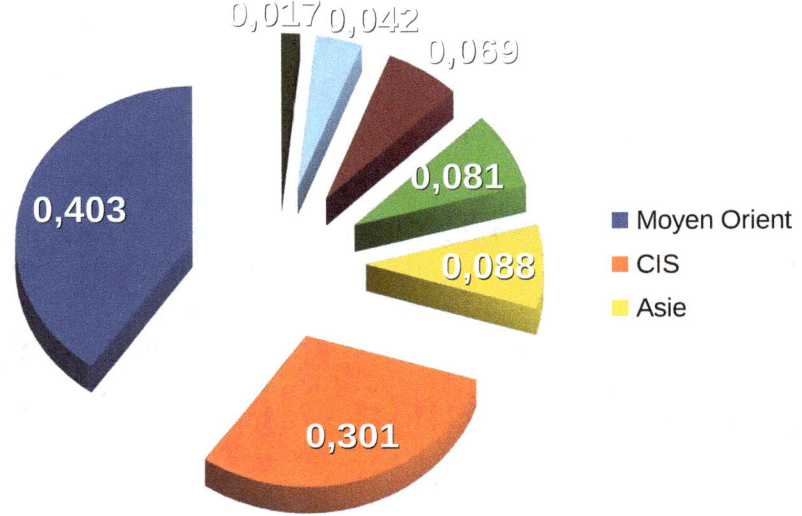

Source : https://www.bp.com/content/dam/bp/business-sites/en/global/corporate/pdfs/energy-economics/statistical-review/bp-stats-review-2021-full-report.pdf

Compte-tenu des réserves prouvées et de notre consommation, la projection faite en 2020 est que nous disposons de réserves pour les 50 prochaines années.

Conclusion

Au cours des derniers millénaires, des réserves de pétrole et de gaz se sont constituées grâce à la lente décomposition des végétaux morts. Il s'agit donc d'une énergie :

- renouvelable car le mécanisme de création se produit toujours dans les endroits ou la configuration lui est propice ;
- non utilisable sur le long terme du fait de la lenteur du mécanisme de création et des réserves bien insuffisantes pour aller au-delà de cinquante ans ;
- dont l'utilisation est dangereuse puisqu'elle contribue au rejet de CO_2, donc à l'augmentation de l'effet de serre et à la modification du climat.

Selon nos deux définitions de base, pétrole et gaz sont donc des énergies qui ne sont ni renouvelables ni durables. Sans surprise la non plus, pétrole et gaz doivent être à l'évidence exclus de notre mix énergétique idéal.

Le bois

Le bois est une des premières sources énergétiques que l'humanité a exploité. Facilement accessible aux premiers Hommes, il a apporté de nombreuses nouvelles pratiques qui ont amélioré son quotidien. Nous pouvons citer ici par exemple le chauffage et la cuisson des aliments.

Faisons maintenant une analyse de ces atouts et défauts.

Le bois, une énergie renouvelable

Le gros avantage de l'énergie "bois", est qu'il s'agit d'une ressource qui se reconstitue naturellement et à un rythme relativement rapide. Si nous adaptons notre rythme de consommation à celui de la croissance des arbres, nous pouvons faire en sorte de conserver notre stock et d'exploiter cette source d'énergie dans la durée. La source "bois" peut donc être considérée comme renouvelable.

Le bois, une énergie durable

Déboiser les forêts à une cadence compatible avec la vitesse de pousse des arbres nous permet de produire une énergie non négligeable. Une utilisation n'épuisant pas entièrement le stock disponible est donc envisageable. A cette condition, l'énergie "bois" peut donc être considérée comme durable.

Le bois, sans impact sur le réchauffement climatique ?

Si nous partons du principe que les émissions de CO_2 induite par la combustion du bois sont strictement compensées par la quantité de CO_2 que les arbres replantés utiliseront pour leur croissance, le cycle complet de la vie d'un arbre, de sa naissance à son abattage, est neutre en CO_2. Mais cette vision n'est en fait qu'une approximation.

Dans le bilan global de l'utilisation du bois comme source d'énergie, il ne faut en effet évidemment pas oublier de compter l'énergie nécessairement consommée pour l'abattage et le transport du bois. En terme d'émissions de CO_2, l'énergie bois n'est donc pas totalement neutre car son impact est l'ensemble des émissions de CO_2 que son exploitation nécessite.

Mais moyennant l'emploi de l'énergie "bois" au plus proche des lieux de production et l'utilisation d'une énergie propre pour son exploitation, le recours durable à l'énergie bois peut se révéler réellement sans impact sur le réchauffement climatique.

Le bois, un faux amis ?

L'exploitation de l'énergie "bois" présente cependant le défaut d'entrer directement en concurrence avec les autres utilisations que nous pouvons faire des surfaces disponibles qui sont :

- la construction d'habitations et de tout ce qui est nécessaire pour que les habitants se sentent bien (lieux de travail, commerces, loisirs...).
- La production de nourriture. Un Homme heureux est en effet un Homme qui commence par manger à sa faim.
- Le respect de la biodiversité.

Les deux premiers usages sont directement liés au nombre d'êtres humains présents sur Terre. Plus ils sont nombreux, et plus il faut de logements et de nourriture. La population mondiale étant en expansion régulière, et les projections montrant que cela continuera pendant encore quelques décennies, la forte pression exercée par les besoins des populations sur les surfaces utilisables n'est pas prête de faiblir.

Le troisième, longtemps négligé, est en train de nous rattraper. Jusqu'à présent, la disparition d'espèces concernait principalement de gros animaux (baleines, lions, éléphants, tigre, loup, ours...) pour lesquelles l'habitant moyen des contrées développées ne se souciait guère, voire se satisfaisait pleinement. Pour s'en convaincre, il suffit de regarder les polémiques déclenchées par la réintroduction du loup et de l'ours, en France en particulier.

La donne a changé quand nous nous sommes aperçus que nous avions maintenant les moyens de détruire des espèces considérées jusqu'à présent comme impossible à éradiquer.

C'est particulièrement vrai pour le cas des insectes, dont le nombre d'individus à sérieusement baissé suite à l'utilisation de nouveaux pesticides, toujours plus puissants les uns que les autres. Cette chute du nombre d'insectes a entraîné celle du nombre des oiseaux qui s'en nourrissent, car moins d'insectes signifie une nourriture plus rare pour eux.

Si nous ajoutons le fait que cette nourriture est en plus contaminée par des pesticides, substances chimiques bien connus pour avoir des effets délétères sur la reproduction en général, l'effet est dévastateur. Nous commençons à entendre le chiffre hallucinant d'une chute de plus de 20 % du nombre d'oiseaux en Europe.

Du côté des insectes, l'exemple emblématique de ce déclin est celui des abeilles, dont le rôle pollinisateur est essentiel non seulement à notre économie, mais aussi tout bonnement à notre survie.

L'énergie "bois" : neutre pour l'environnement ?

Loin de l'image bucolique des forêts primaires, l'exploitation de la ressource forestière ressemble plutôt à une industrie. Pour maximiser les profits, nous ne nous contentons pas de laisser la nature à elle même et d'attendre qu'elle nous fournisse de beaux et grands arbres que nous n'aurions plus qu'à couper. Au contraire, nous ne plantons que certaines essences, dans un schéma parfaitement rectiligne, et en étant obligé d'apporter des engrais pour fertiliser les sols devenus trop pauvres à cause de l'exploitation intensive que nous en faisons.

Ces pratiques ont donc des effets négatifs importants. La perte de fertilité des sols, déjà constatée à cause de l'agriculture intensive, se poursuit donc là ou ne l'attendait pas a priori. L'utilisation d'un nombre restreint d'essences d'arbres réduit la biodiversité déjà, bien évidemment, au niveau des arbres, mais aussi au niveau des insectes et des oiseaux car tous ne trouvent pas un milieu propice à leur survie dans des modèles de forêts aussi simplifiées, voire simplistes.

Évidemment, si nous abandonnons cette exploitation intensive des forêts, la ressource "bois" sera moins abondante et plus coûteuse à exploiter. Si, au global, le volume de bois généré est plus important dans une forêt sauvage que dans une forêt gérée, la totalité n'est pas exploitable. Laissée à elle-même, la nature laisse sa chance à toute graine qui atterrit dans la forêt, même s'il s'agit d'une essence qui ne nous intéresse pas. En plus, du point de vue économique, l'abattage et l'extraction des arbres est bien plus longue et difficile dans une forêt qui a poussé par elle-même que dans une forêt ou les arbres ont été plantés en séries de lignes parallèles, avec un espacement prévu pour être compatible avec la taille des engins qui viendront couper et débiter les troncs.

Mais, ici aussi, je suis convaincu que nous nous laissons encore une fois obnubiler par les perspectives à court terme, au détriment de celles à long terme. A l'heure actuelle, l'exploitation intensive des forêts maximise le revenu des exploitants. Mais lorsque nous aurons trop tiré sur la corde, même ces zones ou la nature semble pourtant reine finiront par nous lâcher en devenant inexploitables.

Ajouté au constat que de nombreuses surfaces agricoles sont déjà devenues inutilisables par surexploitation des sols, ne serait-il pas plus judicieux de laisser la nature s'occuper seule des forêts ? En plus de l'effet positif sur la biodiversité, ces jachères à grande échelle permettraient de redonner du potentiel de fertilité à d'immenses zones, dont nous pourrions ensuite profiter pour la production agricole.

Conclusion

Aussi séduisante qu'elle puisse l'être a priori, l'énergie "bois" n'est peut-être pas finalement une si bonne solution. Son impact sur la qualité des terres cultivables et sur la biodiversité est en loin d'être négligeable. Combiné avec la surexploitation que nous avons déjà faites de nombreuses surfaces agricoles, son développement ne serait qu'en mesure d'aggraver une situation déjà alarmante.

Si l'exploitation de la ressource "bois" ne peut et ne doit pas être exclue, car plus nous aurons de sources d'énergie à notre disposition et plus nos marges de manœuvre seront importantes, elle doit être réalisée de manière réfléchie et raisonnable en prenant en compte l'ensemble des paramètres et pas seulement ceux liés à l'économie à court terme.

L'énergie solaire

L'énergie solaire, ou plutôt la lumière qui nous vient du Soleil, est à l'origine de quasiment toutes les autres énergies. Sans elle, jamais nous n'aurions eu de végétaux, ce qui nous aurait privé de l'énergie "bois", et donc jamais non plus de végétaux morts qui se seraient lentement accumulés. Pétrole, charbon et gaz naturel n'existeraient donc pas sur Terre non plus. Éolien, hydrolien et hydraulique n'existeraient pas non plus, car les masses d'eau et d'air sont mises en mouvement par les différences de température que la chaleur apportée par le rayonnement solaire engendre. Seul le nucléaire existerait, et encore parce que des étoiles plus grosses que le Soleil sont mortes en créant le combustible nécessaire à l'exploitation que nous faisons de cette énergie.

L'énergie solaire est celle qui nous parle le plus directement. Notre expérience quotidienne nous montre sa puissance, que ce soit par les coups de soleil qu'elle peut provoquer ou la température intérieure que notre voiture peut atteindre si nous la garons en été, en plein soleil et les fenêtres fermées.

Les différences techniques d'exploitation de l'énergie solaire

L'énergie solaire peut être exploitée de trois manières :

- En la convertissant en chaleur pour la production d'eau chaude sanitaire ou destinée à chauffer nos habitations ;
- Toujours en la convertissant en chaleur, mais à des températures plus élevées donc bien mieux adaptées à la production indirecte d'électricité en passant par un cycle vapeur ;
- En utilisant l'effet photoélectrique pour produire directement de l'électricité grâce aux cellules photovoltaïques.

L'exploitation thermique

La première méthode, la plus simple, est l'exploitation thermique de l'énergie solaire. La plus courante est celle que nous pouvons régulièrement rencontrer sur les toits de nos maisons, ou de l'eau circule dans des tuyaux placés dans un conteneur dont la face exposée au ciel est en verre. Grâce à l'effet de serre, l'énergie lumineuse est transformée en énergie calorifique provoquant l'élévation de la température de l'eau qui circule. Cette forme de récupération de l'énergie solaire est particulièrement adaptée à la production d'eau chaude sanitaire.

Le rendement de ces panneaux solaires thermiques est influencé par plusieurs paramètres. Le premier est bien sûr la quantité d'énergie solaire reçue. Plus elle sera importante et plus le rendement sera élevé. Le deuxième est la différence de température entre le panneau et l'air ambiant. Plus elle est élevée et plus le rendement baisse. Cela s'explique par les pertes calorifiques que la différence de température entraîne.

L'influence de ces deux paramètres apparaît sur le graphique suivant :

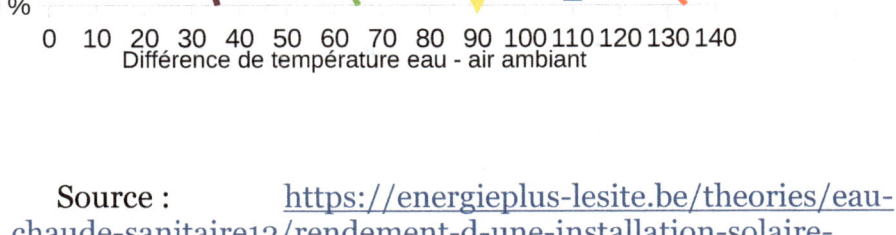

Variation du rendement

Source : https://energieplus-lesite.be/theories/eau-chaude-sanitaire12/rendement-d-une-installation-solaire-thermique/

A plus grande échelle, l'utilisation de fours solaires permet de concentrer beaucoup plus l'énergie solaire et d'ainsi atteindre des températures très largement suffisantes pour que de l'eau puisse bouillir. Certains fours atteignent même des températures allant jusqu'à 3000°C, températures extrêmes pouvant intéresser certains procédés industriels.

Les températures largement supérieures à 100°C permettent de produire de la vapeur qui peut alors entraîner une turbine, comme dans une centrale au gaz ou au charbon, pour produire de l'électricité. Dans cette usage, le four solaire présente un rendement relativement faible, puisqu'il se situe entre 15 et 30 %. A titre de comparaison, le rendement d'une centrale à gaz classique est de 35 %, et celles fonctionnant à cycle combiné avec turbine de combustion ont atteint le record de 63 %. Mais si nous utilisons directement la chaleur produite dans un procédé industriel nécessitant de fortes chaleurs, comme par exemple la cuisson de céramiques, le rendement peut monter jusqu'à 75 %.

A noter que la notion de rendement a un sens moins primordial lorsqu'il est appliqué à l'énergie solaire. La ressource consommée, qui prend la forme de l'éclairement du Soleil, est de toute façon consommée. Nous ne gaspillons donc pas une énergie qui pourrait nous faire défaut plus tard. N'en prendre qu'une faible partie est donc déjà bien, même si un rendement élevé est toujours un objectif à se fixer car il permettrait de réduire le nombre d'installations à construire pour couvrir un besoin donné. Cela nous permettrait donc de moins consommer d'autres ressources naturelles.

Le photovoltaïque

Enfin, il est possible de convertir directement le flux lumineux émis par le soleil en électricité grâce aux cellules photovoltaïques. Elles sont actuellement principalement constituées de silicium et peuvent être de deux types : mono ou polycristallines. Leur rendement reste encore faible puisque, selon la qualité de la fabrication, il peut varier de 14 à 18 % pour les cellules polycristallines et de 16 à 24 % pour les monocristallines. Des progrès sont encore envisageables puisque l'institut de recherche allemand Franhofer ISE a récemment atteint en laboratoire une valeur de 22,3 % avec des cellules polycristallines (https://www.edfenr.com/actualites/photovoltaique-record-monde-rendement-cellule-silicium-polycristallin/).

Un de leur défaut est que leur rendement a malheureusement la fâcheuse tendance à diminuer lorsque la température des panneaux augmente. Une diminution d'environ 0,45 % est constatée chaque fois que la température de la cellule augmente d'un degré Celsius.

Passons maintenant au bilan atouts-défauts de l'énergie solaire.

L'énergie solaire, disponible partout

Le premier mérite de l'énergie solaire est d'être disponible partout sur Terre, bien que ce soit par intermittence, en particulier aux pôles puisque le soleil n'y est pas visible que pendant la moitié de l'année.

En terme de puissance reçue, les valeurs changent en fonction de la latitude du lieu et de la saison. Plus nous allons vers le nord, dans l'hémisphère nord, ou vers le sud dans l'hémisphère sud, et plus la puissance reçue décroît du fait de la rotondité de la Terre.

En fonction de la latitude du lieu considéré, la puissance moyenne reçue par m² au cours de l'année évolue de la façon suivante :

Doc. 8 **Carte mondiale de l'insolation terrestre**

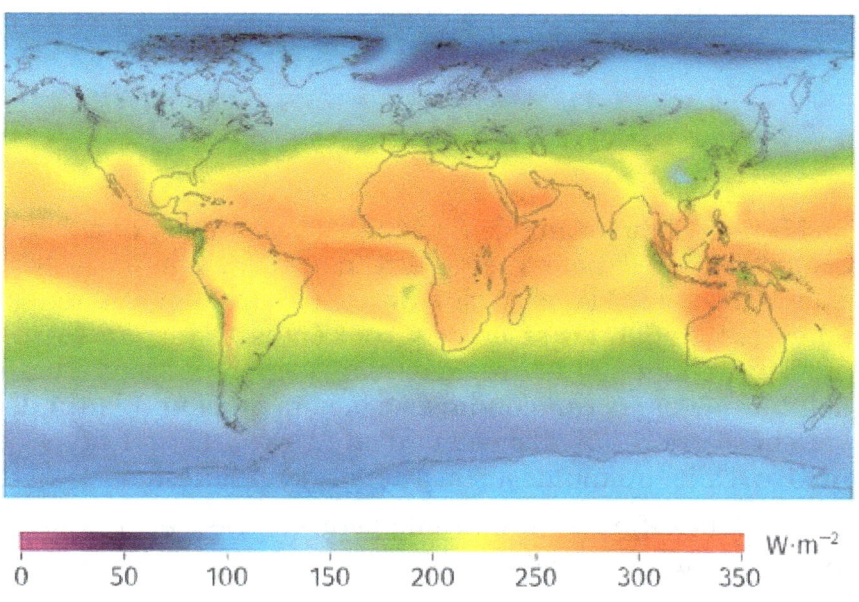

ssances surfaciques moyennes reçues sur une année.

Source : https://www.lelivrescolaire.fr/page/6709464

Il s'agit ici de puissances moyennes. En crête, la puissance reçue peut atteindre la densité maximale de 1000 W/m². En moyenne, sur toute la surface du globe, la densité de puissance reçue est de 342W/m².

L'énergie solaire est donc disponible partout, sans aucun respect pour les frontières. Toute guerre, économique ou militaire, pour s'emparer des réserves du voisin n'a donc bien évidemment aucun sens. Un bon point pour les relations internationales !

Les réserves d'énergie solaire

Un deuxième avantage de l'énergie solaire est que le stock est immense. Il peut même être considéré comme infini si nous extrapolons la définition donnée pour la durabilité d'une énergie. En effet, les réserves seront épuisées lorsque le Soleil aura brûlé tout son hydrogène, mais comme il s'agit d'un des deux événements qui conduisent inévitablement à la fin de la vie sur Terre, nous disposons d'une ressource qui nous permettra d'aller au moins jusqu'à cet horizon funeste.

Selon la définition donnée de la durabilité, l'énergie solaire est donc complètement durable.

Un potentiel de croissance élevé

L'énergie solaire est extrêmement abondante. Pour s'en convaincre, il suffit de calculer la part de l'énergie émise par le Soleil que la Terre reçoit.

Compte tenu de la distance séparant la Terre du Soleil, environ 150 millions de km, du rayon de la Terre, environ 6400km, la Terre reçoit seulement 0,0000000455 % de l'énergie totale émise par le Soleil ! Tout le reste est "gaspillé" dans l'espace, si nous nous référons à notre seul point de vue. La marge de progression est donc gigantesque, et elle montre bien que le Soleil peut, à lui seul, nous fournir énormément plus d'énergie qu'il ne nous en faudra jamais.

Évidemment, l'exploitation de cette énergie "perdue" reste une gageure, mais il est quand même réconfortant de savoir que, si nous nous y prenons bien, nous pouvons laisser derrière nous le problème de la disponibilité énergétique pour toujours.

L'énergie solaire, une exploitation simple

Nous venons de décrire les différentes technologies permettant de tirer partie de l'énergie que nous envoie le Soleil. Force est de constater qu'elles sont simples. En plus, elles sont sûres. Elles ne présentent en effet aucun risque, ni d'un point de vue technologique, ni pour l'environnement. Seules les cellules photovoltaïques nécessite des usines de production un peu évoluées techniquement parlant, mais uniquement pour éviter que des poussières ne viennent perturber le processus de fabrication. Quant à la consommation des ressources naturelles, elle reste faible et sans besoin de recourir à des produits "exotiques" et rares. Les cellules photovoltaïques sont en effet principalement constituées de silicium, le deuxième élément le plus abondant sur Terre.

Du point de vue de leur recyclage, les cellules solaires présentent là aussi un bilan très favorable. Elles sont en effet recyclables à plus de 80 % sans difficulté particulière. Leur production ne sera donc jamais limitée par un manque de matières premières, ce qui en fait d'excellentes candidates pour un usage durable.

L'énergie solaire permet de lutter contre le réchauffement climatique

Du point de vue de l'émission de gaz à effet de serre, l'énergie solaire est très bien placée. Avec le mix énergétique actuellement constaté en Chine, puisque c'est dans ce pays que la grande majorité des panneaux solaires sont actuellement fabriqués, le taux d'émission de CO_2 par kWh d'électricité produite est de 43,9g/kWh d'après l'Ademe (https://www.bilans-ges.ademe.fr/documentation/UPLOAD_DOC_FR/index.htm?renouvelable.htm).

A noter que cette valeur est calculée pour une durée de vie des cellules de 25,2 années alors qu'elles peuvent encore produire 70 à 80 % de leur capacité initiale jusqu'à l'âge de 40 ans. Elle est donc en réalité bien plus faible que cela, probablement de l'ordre de 30 à 35g/kWh. Bien meilleur donc que les énergies fossiles, mais moins bien, dans les conditions actuelles, que le nucléaire. A l'avenir, avec un mix énergétique de moins en moins émetteur de gaz à effet de serre, ce taux d'émission décroîtra continuellement jusqu'à atteindre zéro. Un handicap qui n'est donc que temporaire face à l'énergie nucléaire en particulier.

L'énergie solaire n'est par contre pas à strictement parler renouvelable. Il ne nous sera en effet pas possible de remplacer le soleil le jour ou il aura épuisé toutes ses réserves d'hydrogène. Mais comme la Terre n'existera plus à ce moment là, l'énergie solaire satisfait bien la définition d'une énergie renouvelable donnée en début de ce livre.

L'énergie solaire respecte donc les deux exigences qu'une source d'énergie devrait disposer, selon moi, pour être candidate au mix énergétique idéal. Mais ses défauts seraient-ils en mesure de renverser la donne ? Quels sont les reproches qui sont faits à l'énergie solaire ?

Le premier est son caractère intermittent, en un lieu donné. La nuit, en effet, pas de production photovoltaïque possible !

L'énergie solaire est intermittente

Sur une échelle de temps plus longue, celle des saisons, nous pouvons aussi constater un autre défaut lié à l'intermittence : moins nous recevons d'énergie solaire, c'est à dire généralement lorsque nous sommes en hiver, et plus notre mode de vie demande d'électricité, que ce soit pour nous éclairer ou nous chauffer.

Le recours à l'énergie solaire serait-elle donc un problème du même ordre de difficulté que la quadrature du cercle ? Heureusement non !

Il n'a en effet échappé à personne que l'éclairement de la Terre par le Soleil est constant, en contradiction frontale avec le terme "intermittent". A noter que cette affirmation comporte une petite approximation, l'orbite de la Terre autour du Soleil n'étant pas parfaitement circulaire mais plutôt elliptique, la distance Terre-Soleil varie au cours de l'année. Cette variation reste cependant très faible puisqu'elle ne conduit qu'à une variation d'éclairement de seulement quelques pour cent. En première approximation donc, nous pouvons affirmer qu'à n'importe quel moment de la journée, et pendant n'importe quel jour de l'année, la moitié de la Terre est éclairée. Le "problème" est que cette moitié n'est pas toujours la même...

La quantité d'énergie reçue par la Terre étant quasi constante, quelle que soit l'heure du jour ou la saison, la source "énergie solaire" n'est pas en défaut. Ce sont seulement les technologies que nous utilisons actuellement pour l'exploiter qui constituent le maillon faible.

Ce flux continu que reçoit la Terre en permanence représente une puissance de 174 PW (174 millions de milliards de watts!). Cela représente l'équivalent de la production, en prenant en compte la puissance totale fournie par le réacteur, c'est à dire la puissance thermique qu'il faut évacuer dans les évaporateurs et l'énergie électrique qui est envoyée dans le réseau de distribution, de 40 millions d'EPR du type de celui de Flamanville ! En quantité, l'énergie solaire peut donc très largement suffire pour couvrir à elle seule l'ensemble de nos besoins énergétiques, actuels et futurs.

L'énergie solaire n'est pas pilotable

Non, évidemment, la production d'énergie à partir du rayonnement solaire n'est pas pilotable. Le flux qui nous frappe, bien que constant comme expliqué dans le paragraphe précédent, est ensuite bridée par les phénomènes locaux, l'alternance du jour et de la nuit, la présence de nuages... qui apporte une variabilité dans le niveau de production en un endroit donné qu'il est impossible de contrôler. Le seul levier dont nous disposons est l'activation ou non des dispositifs de conversion, mais uniquement à la baisse par rapport à la quantité maximale d'énergie exploitable à un endroit donné et à un moment donné. La pilotabilité des installations solaires est donc effectivement limitée puisque le maximum de production atteignable à un instant donnée ne dépend pas de la puissance de l'installation mais uniquement du flux d'énergie qui l'atteint, paramètre sur lequel nous n'avons évidemment aucun moyen d'agir.

Deux solutions sont possibles pour pallier ce problème. Elles sont l'amélioration du réseau mondial de distribution de l'électricité et le stockage de l'électricité.

Le réseau de distribution d'électricité n'est pas adapté à des échanges longue distance

Dans le cas de l'exploitation de l'énergie solaire pour produire de l'électricité, la transporter sur une distance représentant près de la moitié de la circonférence de la Terre, ce qui est nécessaire pour que les parties ensoleillées puissent alimenter celles qui ne le sont pas, est un véritable défi technologique. Le réseau de distribution à utiliser doit atteindre un niveau d'efficacité suffisant pour que les pertes d'énergies qu'il génère restent négligeables par rapport à l'énergie qu'il transporte. Malheureusement, les technologies actuelles doivent encore progresser sur cet aspect et la mise en place d'un réseau électrique "intelligent", c'est-à-dire capable de gérer au mieux l'équilibre entre les lieux de production et ceux de consommation, à l'échelle de la planète, nécessitera des investissements très importants.

Nous ne savons pas stocker l'énergie que nous tirons du Soleil

Pour ce qui concerne l'exploitation thermique de l'énergie solaire, la solution du stockage est celle qui s'impose. Le transport de grandes quantités de chaleur n'est en effet possible que sur de courtes distance, au mieux à l'échelle d'un quartier voire d'une ville comme le montrent les projets de réseaux de chaleur urbains qui fleurissent un peu partout. Pour la production d'eau chaude dans nos foyers, en stockant l'eau chaude produite la journée, ce qui est facile et peu coûteux, nous avons la possibilité de pouvoir en profiter toute la journée, même pendant la nuit.

En ce qui concerne la production d'électricité, si nous ne savons pas facilement la transporter sur de très longues distances, nous pouvons envisager de stocker sur place l'énergie produite en excédent lors des périodes ou la production est supérieure à la consommation pour la restituer lorsque les proportions s'inversent. Cette solution est particulièrement indiquée si le lieu de production est aussi celui de consommation, car cela évite les pertes inutiles générées par le transport. Mais de quelles solutions de stockage disposons-nous ?

Le stockage peut prendre plusieurs formes. La première consiste à utiliser les barrages hydrauliques. La nuit, lorsque les besoins en électricité sont réduits, l'énergie électrique excédentaire est utilisée pour pomper de l'eau pour reconstituer la réserve du barrage. Cette solution, bien adaptée pour absorber l'électricité d'origine nucléaire qui est produite même lorsque nous n'en avons pas besoin pour un usage direct, ne sera activable pour le solaire que lorsque sa production sera excédentaire par rapport à la consommation en journée.

Il y a ensuite les batteries. Malheureusement, leurs technologies ne sont pas encore à la hauteur de l'enjeu , même si elles ont fait récemment de gros progrès en termes de charge volumique, c'est à dire de la quantité d'énergie électrique qu'il est possible de stocker dans un volume donné, avec l'invention des batteries Lithium Ion.

Comme alternative aux batteires chimiques, nous pouvons citer la piste des super-condensateurs. Il s'agit de composants initialement utilisés en électronique pour stocker de petites quantités d'énergie électrique, qui ont vu leur technologie faire un fabuleux bond en avant en termes de capacité de stockage. Si il y a une trentaine d'année, les capacités des condensateurs s'exprimaient en microfarads, voire en millifarads, des condensateurs d'une dizaine de farads sont maintenant produits. A titre d'anecdote, je me souviens d'un de mes professeurs d'électronique qui nous racontait que l'unité "farad" était disproportionnée, car jamais aucun condensateur ne serait capable d'avoir une capacité qui ne s'exprimerait pas qu'en sous multiples de cette unité. L'avenir, qui est maintenant notre présent, lui a donné tort...

Ces super-condensateurs ont deux grands avantages par rapport aux batteries "classiques" : les courants électriques qu'ils peuvent supporter, que ce soit au moment de leur charge ou de leur décharge, sont nettement plus élevés. Ils amènent donc l'espoir qu'il sera un jour possible de faire le plein de sa voiture électrique en moins de temps qu'il en faut pour faire le plein de sa voiture thermique actuellement. Malheureusement, avant de voir cela, un autre miracle technologique est encore nécessaire, car la quantité d'énergie que peuvent embarquer ces super-condensateurs reste encore faible, et ils ont la fâcheuse tendance à la perdre au cours du temps, même s'ils n'alimentent aucun dispositif électrique (autodécharge).

Précision importante : ce problème du transport de l'électricité sur de longues distances ou celui de son stockage ne sont pas spécifiques à l'énergie solaire, mais concernent toutes les sources d'énergie dont le vecteur vers le consommateur est l'électricité. Sont donc concernées l'énergie solaire comme nous venons de le voir, mais aussi l'énergie éolienne, l'énergie hydrolienne, l'énergie hydraulique. Quant à l'énergie nucléaire, même si cette dernière reste un peu pilotable, elle est aussi concernée, soit pour stocker l'énergie excédentaire produite lors des creux de consommation, soit pour la distribution de l'électricité produite sur de longues distances. Même les énergies fossiles, si elles sont utilisées pour produire de l'électricité et pas pour chauffer directement des locaux, sont concernées, même si seule la problématique du transport de l'électricité entre ici en ligne de compte, les centrales au charbon et au gaz étant totalement pilotables.

Une autre solution est la production d'hydrogène, grâce à l'électrolyse de l'eau, pour son utilisation ultérieure dans les piles à combustibles par exemple. Par ce procédé, l'eau douce est séparée en deux volumes d'hydrogène pour un volume d'oxygène. L'oxygène, le coproduit que nous ne cherchons pas spécialement à produire, peut néanmoins être utile, par exemple dans le domaine médical ou la pénurie d'oxygène peut ne pas être qu'une illusion comme nous l'a récemment montré la crise de la Covid 19. Et même si nous ne savons pas quoi faire de tout cet oxygène, rien ne nous empêche de le rejeter purement et simplement dans l'atmosphère, sans autre forme de procès. Celle-ci en contient déjà environ 20 %, et le peu que nous ajouterons aura d'autant moins d'impact que la consommation de l'hydrogène dans les piles à combustible nécessite la consommation, depuis l'air ambiant, d'autant d'oxygène que la réaction d'électrolyse en a libéré. Au final, le bilan sur le pourcentage d'oxygène dans l'atmosphère est parfaitement nul.

L'hydrogène produit peut aussi être utilisé d'une autre façon avec la technique appelée "Power to Gas". Elle consiste à injecter l'hydrogène produit par électrolyse dans les canalisations desservant les foyers en gaz naturel. Avec cette technique, il est possible d'utiliser l'hydrogène produit pour nos besoins de chauffage, de production d'eau chaude sanitaire et de transport (https://www.engie.com/activites/infrastructures/power-to-gaz).

Enfin, une technique qui commence à se développer est le stockage gravitationel. Le dispositif consiste à lever une lourde masse lors des périodes de production excédentaires, transformant l'énergie électrique en énergie potentielle, et à récupérer cette énergie potentielle stockée sous forme d'électricité en profitant de la descente de la masse lorsque la production est déficitaire. Cette technique présente plusieurs avantages par rapport aux batteries chimiques :

- pas de besoin en matériaux "rares" ;

- une durée de vie très longue, moyennant cependant un entretien régulier des pièces mécaniques d'usure ;

- aucune perte de stockage : tant que la masse reste à la même hauteur, elle conserve la totalité de son énergie potentielle.

L'énergie solaire nécessite des installations de production "gigantesques"

Il est vrai que les cellules solaires ne produisent chacune qu'une quantité faible d'électricité, et qu'une production en quantité "industrielle" nécessite donc l'usage de beaucoup d'entre-elles. En conséquence, nous pouvons suspecter que leur utilisation nécessitera la mobilisation d'une superficie qui ne pourra rapidement plus être considérée comme négligeable ainsi que la consommation de beaucoup de ressources naturelles.

Concernant les superficies à mobiliser, l'argument, comme pour l'accusation d'intermittence, ne tient pas à la source d'énergie en elle même.

Oui, il faut utiliser une superficie plus grande que celle d'une centrale nucléaire pour produire grâce au Soleil la même quantité d'électricité, mais les surfaces exploitables ne manquent pas, à commencer par les toits de nos maisons ! A l'opposé de ce qui a été dit pour l'énergie "bois", ou il y avait conflit au niveau de l'utilisation des surfaces entre l'urbanisation galopante et le besoin de forêts pour développer cette source d'énergie, habitations et production d'électricité sont ici parfaitement compatibles. Cette production localisée a en plus le mérite de limiter au maximum les pertes d'énergies liées au transport sur de longues distances puisque les foyers équipés de panneaux solaires peuvent consommer directement l'énergie qu'ils produisent.

Si nous venons maintenant à la production de masse, telle que celle que des centrales nucléaires peuvent générer, de très grandes régions du globe sont particulièrement adaptées : les déserts.

S'il semble à l'heure actuelle difficile d'envisager des parcs photovoltaïques dans les déserts du fait de la perte de rendement des cellules lorsque leur température augmente, le solaire thermique pourrait s'épanouir dans ces paysages qui ont leur charme, mais pour lesquels nous n'avons aucun autre usage.

Prenons l'exemple du Sahara, un candidat parmi d'autres (désert d'Arabie, désert du Kalahari, désert de Victoria en Australie...). Sa superficie est d'environ 9 millions de km². Or il suffirait d'en utiliser seulement 10 000 pour fournir toute l'électricité dont le monde a besoin !

Cette estimation a été faite par le physicien britannique David Mac Kay. Ceux qui souhaitent en savoir plus peuvent aller voir le lien "https://www.transitionsenergies.com/sahara-solaire-electricite-monde/" ou directement le livre de David Mac Kay téléchargeable gratuitement à l'adresse "http://www.inference.org.uk/sustainable/book/tex/sewtha.pdf".

Le défi technologique pour l'instant totalement hors de portée d'aller chercher dans l'espace l'énergie "gaspillée" n'a donc pas besoin d'être relevé pour encore de très nombreuses années, voire siècles. Nous avons déjà largement de quoi faire avec le "peu" d'énergie solaire que la Terre reçoit naturellement.

Certes, la mise en œuvre de ces installations de production n'a rien de simple. Les défis techniques sont importants, en termes de distribution et de stockage, et les investissements à réaliser sont colossaux, mais il n'y a a priori rien d'insurmontable techniquement.

N'oublions cependant pas un élément important, à savoir les aspects géopolitiques inhérents à un déploiement d'une production localisée dans un état dont l'ensemble du monde dépend. L'exemple du pétrole et de la concentration de sa production dans les pays du moyen orient nous montre les difficultés que cela peut amener en termes de conflits économiques voire armés.

Conclusion

L'énergie solaire est l'énergie la plus prometteuse, que ce soit en terme de disponibilité de la ressource que du point de vue du respect de notre environnement. A l'évidence, elle a plus que toute sa place dans un mix énergétique qui nous permettrait de consommer sereinement toute l'énergie dont nous pourrions avoir besoin.

L'énergie éolienne

L'énergie éolienne est obtenue en récupérant l'énergie du vent. Elle a été une des premières a avoir été exploitée, grâce à l'invention des moulins à vent.

D'une certaine façon, nous pouvons dire que l'énergie éolienne n'est pas une énergie primaire puisqu'elle résulte du réchauffement de l'atmosphère et des océans provoqué par le rayonnement solaire. L'énergie éolienne est donc une forme dérivée de l'énergie solaire. Elle héritera donc de cette dernière une bonne partie de ses atouts et défauts.

Le principe de récupération de l'énergie éolienne est simple. En plaçant une hélice dans le vent, à une hauteur assez importante pour que les turbulences générées par les éléments présents au sol (habitat, arbres…) soient minimes, sa mise en rotation provoquée par le vent qui frappe ses pales est transformée en électricité grâce à un générateur électrique.

Passons maintenant au bilan avantages/inconvénients. Certaines critiques souvent formulées par les opposants à la création de parcs éoliens seront aussi examinées.

L'énergie éolienne est renouvelable et durable

L'origine de l'énergie éolienne étant le rayonnement solaire, elle bénéficie comme elle du caractère renouvelable. Tant qu'il y aura du soleil, le vent continuera de souffler même si, à un moment ou un autre, l'ensemble des éoliennes installées avaient la possibilité de complètement l'arrêter en absorbant la totalité de son énergie cinétique, ce qui n'est pas réaliste. Et comme il y aura du soleil tant que la Terre restera habitable, l'énergie éolienne restera exploitable au moins jusqu'à ce qu'il n'y ait plus personne sur Terre pour en tirer profit. Il s'agit donc aussi d'une énergie durable.

L'énergie éolienne est intermittente

Cette énergie a, comme l'énergie solaire, le défaut d'être intermittente, toujours si elle est considérée au niveau d'une région. Au niveau mondial, comme pour l'énergie solaire, il est possible d'affirmer sans risquer de beaucoup se tromper qu'il fait toujours du vent quelque part. Mais contrairement à l'énergie solaire, il n'est pas évident de conclure que la quantité d'énergie récupérable est constante.

Ce caractère intermittent pourrait être gommé si nous disposions de méthodes efficaces de stockage de l'électricité produite. Je ne répéterai pas ce qui a déjà été écrit dans le paragraphe dédié à l'énergie solaire, car les limites sont les mêmes puisque le point crucial ici porte sur le vecteur de l'énergie, c'est à dire l'électricité, et pas sur la façon de la produire. Avec l'énergie éolienne, une petite différence existe cependant. Contrairement à l'énergie solaire, ou aucune production n'est évidemment possible la nuit, les éoliennes peuvent continuer de tourner et produire ainsi de l'électricité. Le caractère intermittent de leur production ne provient en effet pas de la rotation de la Terre sur elle-même, mais simplement de la météo. Et comme il n'y a pas spécialement de raison pour que les caractéristiques des vents soit différentes le jour et la nuit, la production est possible de jour comme de nuit. Le surplus produit peut donc plus facilement bénéficier de la technique qui consiste à pomper de l'eau pour re-remplir les barrages hydrauliques lorsque la production d'électricité est excédentaire par rapport à la consommation.

Les éoliennes ne produisent pas la puissance annoncée

Effectivement, lorsqu'un parc éolien est installé, la puissance annoncée correspond à la puissance maximale qu'il serait capable de fournir si le vent soufflait en permanence à la vitesse optimale. Ces conditions ne sont évidemment pas réalistes.

Compte-tenu de la variabilité de la météo, les éoliennes ne produisent, sur une année que 20 à 25 % de cette puissance maximale. Cela peut paraître faible en comparaison d'autres sources d'énergie, les centrales au fioul ou au charbon ayant un rendement d'environ 40 %, et une centrale nucléaire d'environ 33 % (source : https://fr.wikipedia.org/wiki/Centrale_-nucléaire#Production_d'électricité"). Mais comme l'énergie utilisée par les éoliennes est une énergie gratuite et renouvelable, cet "inconvénient" est finalement tout relatif, voire totalement hors de propos dans la réflexion sur l'intérêt de l'exploitation de l'énergie éolienne.

Un autre facteur régulièrement avancé par les opposants aux éoliennes est qu'elles sont souvent en panne. L'ensemble mécanique permettant la génération de l'électricité, composé de pales, d'un moyeu, d'une éventuelle boite de vitesse, d'un générateur et d'un système d'orientation dans la direction du vent, subit des contraintes importantes imposées par le vent qui frappe les pales et le mât de l'éolienne. Et comme tout ensemble d'éléments mobiles, il peut finir par casser et bloquer la production d'électricité.

Pour prévenir ces pertes de production, une maintenance préventive est mise en place. Nécessitant l'arrêt de l'éolienne, ces périodes de maintenance réduisent la production, mais cela ne se produit qu'environ 5 jours par an, soit pendant 1,5 % de l'année. L'interruption induite est donc minime, et peut voir son impact encore plus réduit voire annulé si ces périodes de maintenance peuvent être planifiées lorsque les conditions de vent ne sont pas favorables à la production d'électricité.

Au final, une éolienne tourne entre 75 et 95 % du temps, mais ce n'est pas forcément à plein régime. Source : "l'éolien en 10 questions" édition avril 2019, ADEME.

L'énergie éolienne : un risque pour le climat ?

Le risque lié à l'utilisation à très grande échelle de cette énergie est sa potentielle influence sur le climat. Récupérer massivement l'énergie des vents conduit inévitablement à leur ralentissement, avec des conséquences possibles sur la météorologie mondiale.

Au moins en première approximation, il n'est pas déraisonnable de penser que cette influence resterait inférieure à celle qu'une colline s'étendant sur la zone couverte par le parc éolien et culminant à une altitude sensiblement équivalent à la hauteur des éoliennes. L'impact resterait donc limité, sans provoquer plus de perturbations que des phénomènes naturels n'ont déjà amené. Néanmoins, des études bien plus précises mériteraient d'être menées si jamais nous décidions de recourir massivement à cette source d'énergie.

L'énergie éolienne est bruyante

Les éoliennes forment de manière évidente un obstacle au flux du vent. Le mât, mais aussi et surtout l'hélice, provoquent l'émission de bruit de par l'interaction qu'ils ont avec les particules qui composent l'atmosphère.

A ce bruit aérodynamique s'ajoute celui émis par la partie mécanique de l'éolienne, à savoir son éventuelle boite de vitesse et le générateur qui transforme l'énergie de rotation transmise par le vent à l'hélice en électricité.

Heureusement, la réglementation a posé des limites et le niveau sonore maximal que nous pouvons mesurer au niveau des habitations les plus proches ne doit jamais dépasser les 35 décibels. Cet objectif a été atteint premièrement en soignant l'aérodynamisme des éoliennes, puis en réduisant les frottements au niveau de la partie mécanique, et enfin en éloignant suffisamment les éoliennes des habitations.

Pour ce faire une idée du niveau de bruit que représentent ce niveau maximal autorisé de 35dB, voici un petit comparatif des niveaux de bruits qu'il est possible de rencontrer dans certains environnements :

OÙ SE SITUE UNE ÉOLIENNE DANS L'ÉCHELLE DU BRUIT ?
En dB(A)

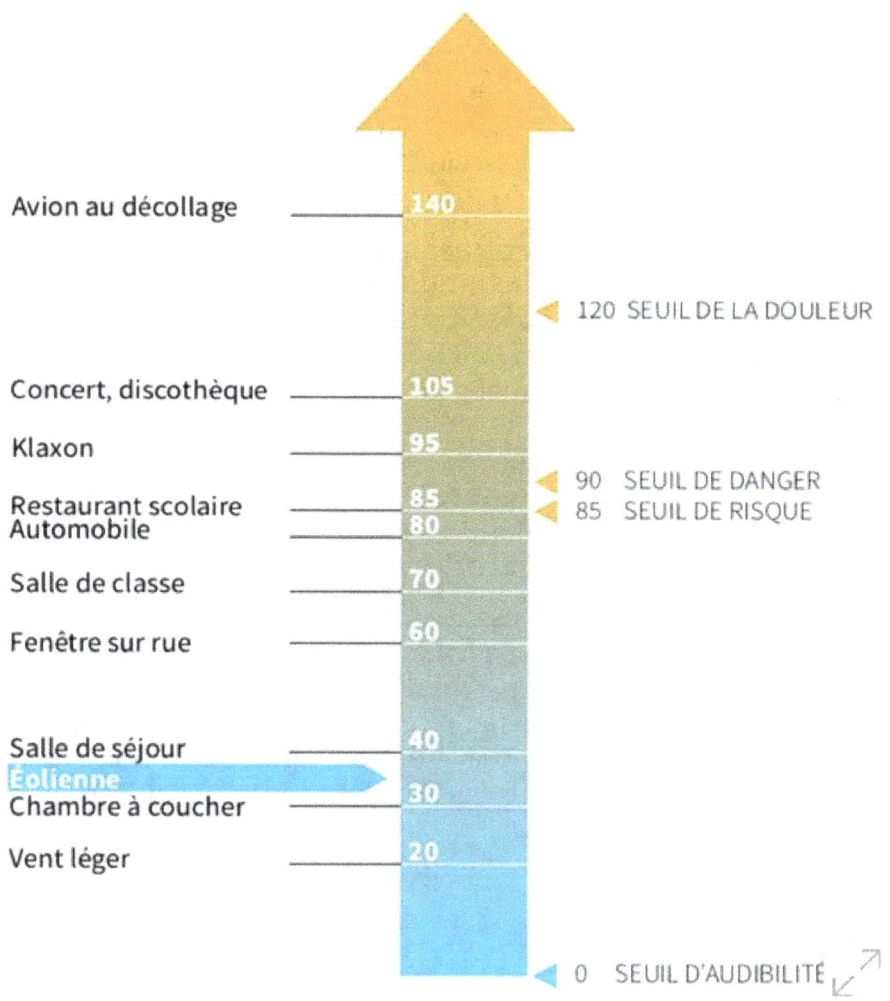

Une éolienne ne fait pas plus de bruit qu'une conversation à voix basse. © Ademe

Source : https://www.futura-sciences.com/planete/questions-reponses/energie-renouvelable-eoliennes-font-elles-beaucoup-bruit-15/

Nous voyons donc que le bruit causé par les éoliennes reste extrêmement faible. Il est par conséquent difficile d'affirmer sérieusement qu'il rend la vie impossible, ni même qu'il peut raisonnablement empêcher de dormir.

Mais l'Homme n'étant pas une simple machine fonctionnant toujours de manière rationnelle, un impact réel peut être induit par des considérations purement psychologiques. Comme à peu près tout le monde a déjà pu le constater par lui-même, il nous est difficile de nous endormir lorsque nous nous sommes convaincus qu'un phénomène extérieur est perturbant à un point tel qu'il rend l'endormissement totalement impossible tant qu'il est présent. Une focalisation exagérée sur le bruit émis peut alors effectivement conduire à des effets indésirables perturbant la vie de certains riverains.

En termes statistiques, la consultation "CSA/France Énergie Éolienne" réalisée en avril 2015 apporte quelques éléments chiffrés. Pour celle-ci, un échantillon représentatif de la population générale de 506 personnes vivant à moins d'un kilomètre d'un parc éolien ont été interrogées, à la fois sur leur état d'esprit à l'annonce de l'implantation du parc, puis une fois le parc mis en service.

Lors de l'annonce de la création du parc éolien, les réactions ont été les suivantes :

État d'esprit	Pourcentage
Indifférents	44 %

Confiant, serein	28 %
Enthousiaste	9 %
Énervé, agacé	8 %
Stressé, angoissé	2 %
Ne se prononce pas	9 %

Source : https://fee.asso.fr/wp-content/uploads/2015/04/CSA-pour-FEE_Rapport-10042015.pdf

La grande majorité de la population, un peu plus de 80 %, a donc eu une réaction positive à cette annonce. Seuls 10 % se sont montrés hostiles, et 9 % totalement indifférents.

Nous sommes donc loin du rejet unanime que certains reportages diffusés dans les médias pourraient éventuellement laisser croire. La consultation cite cependant un point négatif au niveau de la communication sur le projet. 46 % des personnes interrogées ont en effet déclaré ne pas avoir eu suffisamment d'information, contre 38 % qui se sont sentis suffisamment informés, le reste (16%) ne se prononçant pas sur cette question.

Une fois le parc mis en service, et concernant la problématique spécifique du bruit, le constat est plutôt rassurant. D'abord, à la question "vous arrive-t-il d'entendre fonctionner les éoliennes depuis chez vous ?", les réponses ont été :

Réponse	Pourcentage

Souvent	4 %
De temps en temps	11 %
Rarement	9 %
Jamais	76 %

Parmi les 24 % qui déclarent entendre plus ou moins régulièrement le bruit émis par les éoliennes, seuls 31 % déclarent que cela les gêne, et parmi ceux-ci, 11 % déclarent que cela les gêne beaucoup.

Donc, au final, seul 7 % des habitants se disent gênés par le bruit des éoliennes.

Les chiffres fournis ici proviennent du document que vous pouvez consulter à l'adresse "https://fee.asso.fr/wp-content/uploads/2015/04/CSA-pour-FEE_Rapport-10042015.pdf"

La grande majorité des riverains n'est donc pas gênée par le bruit, mais les 7 % qui déclarent l'être sont loin d'être négligeables. Il aurait été intéressant de comparer l'emplacement de leurs habitations par rapport aux éoliennes, pour voir si ceux qui se plaignent sont généralement ceux qui sont situés au plus près du parc ou si la répartition est plus aléatoire. Malheureusement, la consultation n'apporte aucun élément à ce sujet.

Les éoliennes défigurent le paysage

Et oui, alors que nous sommes dans un débat sur la mise en danger de la vie sur Terre à cause de notre avidité à consommer de l'énergie, certains reprochent aux éoliennes de ne pas être jolies et de défigurer le paysage dans lequel elles sont implantées. On croit rêver...

Alors les éoliennes sont elles jolies ou moches ? Il est difficile de répondre à cette question d'une manière tranchée tant les avis dépendent des goûts de chacun et de l'affinité envers les différentes sources d'énergie. Quelqu'un d'habitué à un horizon plat sera probablement plus choqué de voir ces grands mats dans le paysage que quelqu'un habitué à un paysage plus vallonné, et pour qui l'absence de relief peut être en partie compensé par ces installations qui rompent la monotonie de paysages désespéramment plats. Renforçant le caractère très personnel de la réponse, un pro-éolien trouvera une éolienne forcément plus jolie, car il lui attribuera l'atout positif qu'elle permet la production d'électricité propre, alors que quelqu'un plus en faveur d'une autre énergie ne verra dans ce gigantesque "ventilateur" qu'un empêcheur de tourner en rond.

Pour afficher quelques chiffres, nous pouvons nous référer de nouveau à la consultation "CSA/France Énergie Éolienne" pour connaître le sentiment des personnes interrogées sur l'implantation réussie ou non d'un parc éolien. A la question de savoir si les éoliennes implantées près de chez eux leur semblaient bien implantées dans le paysage, ils ont répondu oui à 72 % et non à 25 % (les 4 % restant ne se prononçant pas). Le tableau ci-dessous montre les nuances qui ont pu apparaître :

Réponse	Pourcentage

Oui, tout à fait	34 %
Oui, plutôt	38 %
Non, plutôt pas	10 %
Non, pas du tout	15 %
Ne se prononcent pas	4 %

Source : https://fee.asso.fr/wp-content/uploads/2015/04/CSA-pour-FEE_Rapport-10042015.pdf

La bonne implantation des éoliennes est donc le sentiment majoritaire, seulement un quart des personnes interrogées ont répondu que l'intégration dans le paysage avait été mal réalisée.

A noter que la beauté supposée des éoliennes, ou leur laideur, peut aussi être liée avec l'habitude d'en voir. Je vais ici faire un parallèle avec la tour Eiffel, qui a été construite en 1889 dans le cadre de l'exposition universelle. Lors de sa construction, une polémique a fait rage sur son esthétique et certains disaient que ce grand monument métallique défigurait la ville de Paris (https://www.toureiffel.paris/fr/le-monument/histoire). Aujourd'hui, non seulement il ne saurait être question de la démonter, mais elle est même devenue le symbole international de la ville de Paris !

Il est probable que les éoliennes et leur esthétique bénéficieront aussi de cette évolution des mentalités, même si leur nombre et leur caractère purement technique et non décoratif ne permettra certainement pas d'aller aussi loin dans la dévotion.

Les éoliennes tuent les oiseaux

Oui, les éoliennes peuvent tuer des oiseaux. Comme avec tout élément présent dans l'espace de vol d'un oiseau, des collisions peuvent se produire et être fatales au pauvre oiseau qui n'aura pas su l'éviter.

Si nous regardons le document de la LPO (Ligne de Protection des Oiseaux) intitulé "Le parc éolien français et son impact sur l'avifaune", disponible à l'adresse "https://eolien-biodiversite.com/IMG/pdf/eolien_lpo_2017.pdf", l'estimation de la mortalité provoquée par les éoliennes est loin d'être évidente. Sur un ensemble de huit parcs éoliens, la mortalité constatée varie entre 0,3 et 26,8 oiseaux par éolienne et par an, avec une valeur médiane de 4,5 et une moyenne de sept.

Ces chiffres sont ils élevés ? Nous pouvons le penser a priori. De toute façon, dans l'absolu, tout oiseau tué par une éolienne est un oiseau mort de trop. Mais si nous sortons de cette lecture absolue pour essayer d'établir une comparaison avec d'autres causes anthropiques de mortalité des oiseaux, que constatons-nous ?

Tout d'abord, comme le dit le document de la LPO, les incertitudes sur les chiffres de mortalité des oiseaux due aux éoliennes qu'elle donne sont importantes. Mais, s'il est déjà très difficile de mesurer un taux de mortalité sur un parc certes étendu mais néanmoins circonscrit, comment pourrions-nous estimer autrement que de façon très imprécise là aussi la mortalité aviaire causée par la circulation routière, la circulation aérienne, l'usage des pesticides en agriculture... ? En d'autres termes, même si, je le répète, toute mort d'oiseau évitable doit être évitée, je ne suis pas sûr que ce sujet en soit vraiment un. En tout cas, il faut le rapporter à l'influence des autres causes.

Un schéma confortant mon opinion est représenté ci-dessous. Il recense des statistiques effectuées aux États-Unis et au Canada évaluant les différentes causes de mortalité des oiseaux. Les éoliennes arrivent en huitième position, loin derrière les automobiles, les immeubles, et surtout les chats !

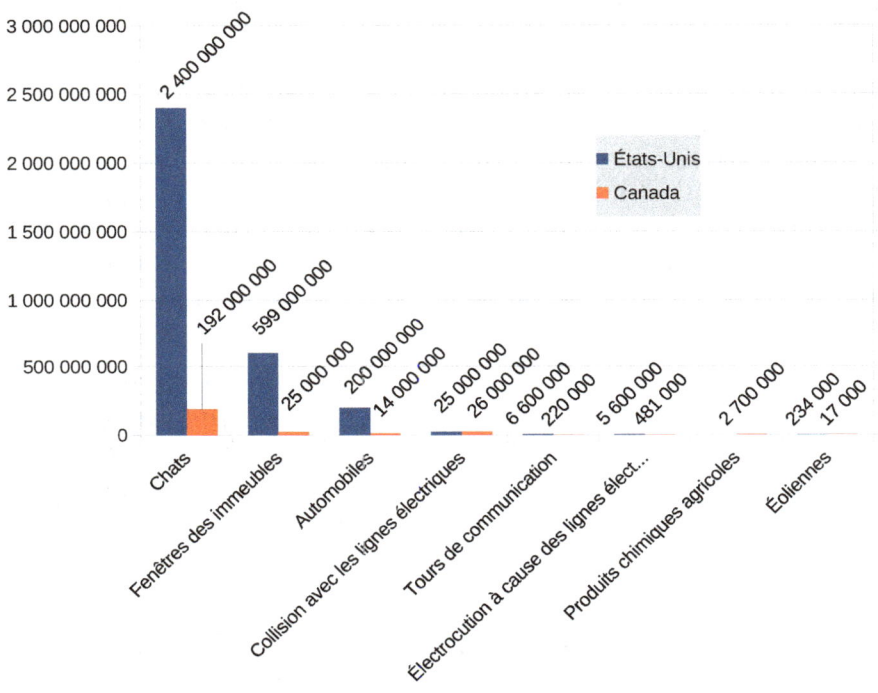

Source : https://www.consoglobe.com/mortalite-des-oiseaux-cg

Les éoliennes perturbent le bétail

Régulièrement, il est possible de lire des histoires sur l'influence des éoliennes sur le bétail. Bien sûr, celles-ci ne relatent que des effets négatifs...

Récemment, j'ai lu le cas d'un éleveur qui se plaignait que ses vaches avaient les oreilles basses, le poil hirsute, et que les plus faibles d'entre-elles finissaient par mourir. Après mures réflexions, il en a conclu que ces problèmes de santé étaient liés à la présence proche d'éoliennes.

Pire encore, j'ai aussi lu une histoire ou un éleveur craignait que la future présence d'éoliennes à proximité de son troupeau ne provoquent des fausses couches chez ses brebis...

Mais qu'est ce qui, dans la présence d'une éolienne ou son fonctionnement, pourrait expliquer de tels effets ? Scientifiquement parlant, la réponse est simple : rien du tout !

Accordons cependant à ceux qui rejettent cette conclusion le fait qu'il est impossible pour la science de démontrer une absence d'effet. D'un point de vue logique, ce n'est pas parce qu'il est impossible de prouver qu'une quelconque influence existe qu'il est possible de conclure définitivement qu'il n'y en a aucune. Un doute raisonnable peut donc toujours subsister.

Ce doute, qui est un défaut intrinsèque de la démarche scientifique, est aussi une de ses forces. Il lui permet en effet de se remettre en cause lorsque les faits montrent que cela est nécessaire, et c'est ce mécanisme qui nous permet de sans cesse accroître le volume de nos connaissances.

Mais restons quand même un peu raisonnables et faisons un parallèle avec les conditions de vie de la majorité des citadins. Si la présence d'éoliennes perturbait autant le bétail, dans quel état devraient être les habitants des grandes villes, eux qui sont soumis à des niveaux de bruit bien plus élevés, à une pollution de l'air plus importante et au stress que la vie moderne apporte ?

Plus probablement donc, ces observations "non scientifiques" sont dues au rejet épidermique de l'installation d'éoliennes, surtout lorsqu'elles sont proches de chez soi. Il y a fort à parier que ce rejet serait aussi violent si l'exploitation d'une autre source d'énergie était envisagée au même endroit, ou même si une industrie envisageait de s'installer juste à côté.

La véritable raison de ce rejet, il me semble qu'il faut la chercher ailleurs, en regardant le côté financier. Pour un acquéreur qui souhaite s'installer à la campagne, le choix entre une localisation avec ou sans éoliennes à proximité est possible. Même si les nuisances générées par la présence d'un champ d'éolienne à proximité sont extrêmement limitées, un simple léger bruit de fond, au pire, il aura naturellement tendance à choisir l'emplacement sans éoliennes, au nom de ce que nous pouvons appeler le principe de précaution. Cette préférence, selon la loi de l'offre et de la demande, provoquera inévitablement une baisse des prix des propriétés situées non loin d'un champ d'éoliennes, ce qu'aucun propriétaire n'a bien évidemment envie de subir.

Mais poursuivons notre étude en admettant que la présence des éoliennes, pour une ou plusieurs des raisons évoquées ci-dessus, soit finalement considérée comme incompatible avec l'élevage et/ou les habitations humaines. Si nous enlevons de zones utilisables pour l'énergie éolienne l'ensemble des parties émergées, il reste encore les mers et les océans, qui couvrent environ 70 % de la surface du globe, ce qui laisse encore pas mal de possibilités. Mais là aussi, les éoliennes rencontrent de la résistance.

L'éolien offshore

L'éolien en mer présente de nombreux avantages par rapport à l'éolien terrestre. En mer, le régime des vents est bien meilleur qu'à terre, car bien plus régulier et puissant. Quant au bruit généré, l'implantation se faisant loin des côtes, il n'est plus en mesure de perturber ni habitant ni bétail, et l'impact sur la beauté supposée des paysages, indépendamment des goûts de chacun, est forcément nettement réduit puisque les éoliennes sont généralement implantées à au moins 10km des côtes.

Les technologies d'éolienne offshore

Les éoliennes installées en mer sont de deux types : fixées ou flottantes. Le choix dépend de la profondeur de la mer ou de l'océan à l'endroit ou l'éolienne est destinée à être positionnée.

Les éoliennes fixées, comme vous pouvez le deviner, sont ancrées au fond marin, généralement pas un gros bloc de béton, un mono pieu ou une structure en treillis métallique appelée "jacket". Elles sont utilisées lorsque la profondeur est suffisamment faible pour que ce procédé reste économiquement justifié, soit 50m environ.

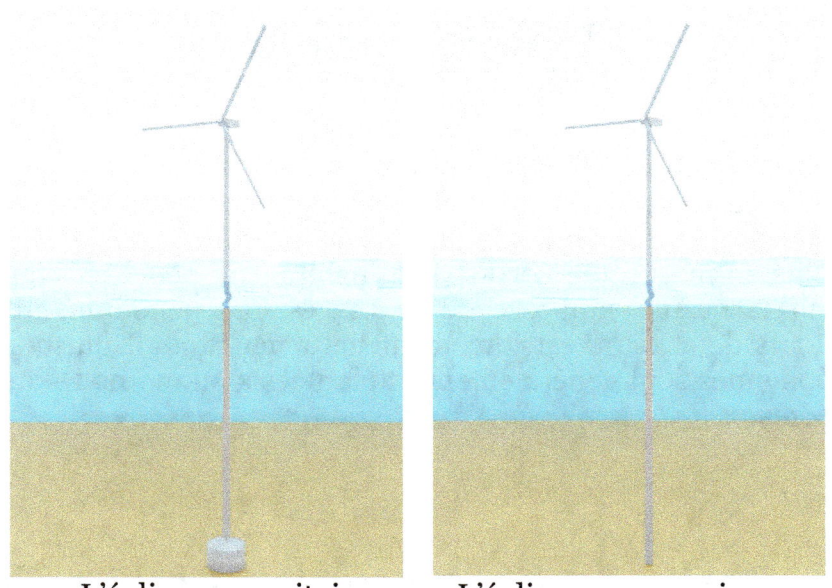

L'éolienne gravitaire   L'éolienne mono pieu

L'éolienne sur "jacket"

A l'inverse, les éoliennes flottantes sont utiles lorsque la profondeur est importante et qu'il est donc inenvisageable de les fixer solidement sur le fond marin. Pour éviter qu'elles ne dérivent, des systèmes d'ancrage sont utilisés. Il en existe actuellement trois sortes, dont la première est illustrée sur l'image ci-dessous :

Elle consiste à "plomber" l'éolienne avec un lest suffisant. Cette technique possède l'inconvénient de nécessiter au moins 100m de fond et d'utiliser beaucoup d'acier pour la construction du lest.

La deuxième méthode consiste simplement à utiliser des ancres qui viennent s'accrocher aux fonds marins, selon la technique déjà largement employée pour les bateaux.

Enfin, la troisième méthode, visible sur l'image ci-dessous est un compromis entre la fixation uniquement assurée par des ancres et celle utilisée pour les éoliennes fixées. Comme pour les éoliennes fixées, des plots de fixation sont créés dans le sol, mais avec l'avantage que ceux-ci sont de dimension bien plus faibles. L'éolienne est ensuite attachée à ces plots par des câbles. Cette solution permet d'obtenir un meilleur maintien en place de l'éolienne et de rigidifier l'ensemble.

En règle générale, elles sont donc implantées plus loin des côtes, ou elles bénéficient de conditions de vent encore meilleures.

Malgré ces avantages, les éoliennes off-shore ne font pas non plus l'unanimité.

L'éolien off-shore : un impact négatif sur l'environnement?

Au chapitre des reproches qui sont faits aux éoliennes installées en mer, nous pouvons compter l'impact sur la pêche, la navigation maritime, le danger pour les oiseaux migrateurs et les impacts environnementaux qu'elles produisent.

Pour la pêche, nous ne savons pas encore si l'impact sera positif ou négatif. D'un côté, si le parc éolien est implanté de telle façon que la pêche, telle qu'elle est pratiquée actuellement, devienne impossible (palangres dérivantes, chaluts de fond et pélagique), l'impact devrait mathématiquement être négatif à cause de la diminution des surfaces de pêche. De l'autre côté, le champ éolien deviendrait une réserve naturelle, dont le "surplus" de poissons enrichirait ses abords et pourrait ainsi conduire à l'augmentation de la productivité des zones voisines.

En plus de cet effet "réserve", l'augmentation de la vie marine dans ces champs pourrait aussi venir de l'effet récif. Son principe est que lorsqu'un matériau dur est installé dans une zone sédimentaire, un nouvel écosystème se développe systématiquement. Cela a été constaté à de multiples reprises, en particulier autour des épaves des bateaux qui ont sombré. Ce nouvel écosystème est riche en poissons, ce qui peut donc favoriser la pêche. Mais comme ces nouveaux poissons ne font pas partie des espèces naturellement présentes dans la zone, le résultat de la compétition inter-espèces qui peut en résulter n'est pas évident à anticiper. Plus de détails ici : https://www.lemonde.fr/blog/oceanclimat/2020/04/20/eoliennes-en-mer-quel-impact-sur-lecosysteme/

L'impact sur la navigation maritime, s'il ne peut être nié puisque les champs d'éoliennes constituent forcément un obstacle à contourner, peut rester faible. Avec un bon balisage et les moyens de navigation modernes composés d'un GPS et d'une carte maritime à jour, les bateaux ont les moyens de connaître précisément leur position par rapport à ces champs et de prendre les mesures nécessaires pour éviter toute collision.

En ce qui concerne les oiseaux migrateurs, il suffit de ne pas construire de parc éolien dans les couloirs de migration qu'ils empruntent. Le problème est donc la encore facilement évitable.

Si le bruit n'est plus un problème pour la population humaine, en serait-il un pour le milieu naturel marin ? Des études ont été menées à ce sujet, mais apparemment seul l'impact sur les mammifères marins a été étudié. Elles concluent que l'impact est réel lors de la phase de construction des parcs d'éoliennes fixées, pendant lesquelles le bruit généré est en mesure endommager temporairement voire définitivement l'audition des mammifères marins. Des mesures doivent donc être mises en place pour l'éviter, par exemple en mettant en place des procédures de martelage des pieux prévoyant que la fréquence et la force du marteau soient progressivement augmentées, pour permettre aux animaux de quitter la zone des travaux avant que le niveau sonore ne devienne trop élevée. Une telle étude a été menée sur le parc éolien du banc de Guérande par la société Quiet Océans. Elle peut être consultée à l'adresse "http://www.prosimar.org/EP%20eole/Annexe-B1-10_QuietOceans_Mammiferes%20marins.pdf".

Si nous en venons maintenant à l'impact sur l'environnement, il a de grandes chances d'être au final neutre (or effet "récif" abordé précédemment). Si la mise en place d'un parc éolien va forcément perturber localement l'environnement, surtout si les éoliennes installées sont fixées sur le fond marin, car la construction du socle en béton va forcément déranger les animaux qui vivent précisément à cet endroit, et avoir un effet non négligeable sur leurs voisins à cause de la mise en suspension de quantités importantes de sédiments, l'impact sera limité dans le temps. Une fois les sédiments retombés sur le fond, l'eau retrouvera les caractéristiques qu'elle avait au préalable et la vie pourra reprendre son cours comme si de rien n'était.

Le recyclage des éoliennes est polluant

Et bien non ! Une éolienne est déjà recyclable à plus de 90 %, et l'objectif est d'atteindre rapidement les 100 %. A titre d'exemple, selon la société Engie, le premier parc éolien raccordé en France au réseau de distribution électricité situé à Port-La-Nouvelle, dans l'Aude, a même été recyclée à plus de 96 % (source : https://www.engie.com/activites/renouvelables/eolien/recyclage-eolienne).

Dans le recyclage d'une éolienne, seules les parties en matériaux composites, les pâles, présentent une certaine difficulté. Ce problème de recyclage n'est pas limité aux éoliennes puisque les matériaux composites, à base de fibre de verre ou de carbone, sont de plus en plus utilisés dans l'industrie, comme par exemple dans les transports ou ils entrent de plus en plus dans la fabrication des voitures ou des aéronefs, mais la filière de l'éolien est pourtant celle qui supporte le plus de critiques à ce sujet. Cela vient probablement du fait qu'il s'agit de son point faible permettant de réduire sa légitimité à revendiquer le titre d'énergie propre. Si elle souhaite le mériter totalement, elle se doit de tout mettre en œuvre pour atteindre le plus vite possible la recyclabilité totale.

En attendant, les pâles sont au final soit incinérées pour produire de l'électricité, soit retraitées pour récupérer la fibre de verre ou de carbone en vue d'une réutilisation, soit enterrées. Dans ce dernier cas, il convient de préciser que ces décharges, même si elles font "tâche" sur le tableau d'une énergie "propre", ne présentent aucun danger , les matériaux utilisés n'étant pas toxiques.

Sur ce sujet du recyclage des pâles des éoliennes, vous pouvez trouver plus de détail à l'adresse "https://fr.euronews.com/2021/06/25/energie-eolienne-la-difficulte-du-recyclage-et-la-controverse-des-pales".

Conclusion

Comme l'énergie éolienne est induite par le rayonnement solaire, elle est aussi renouvelable et durable. Comme elle aussi, elle n'est pas totalement pilotable, car il ne nous est pas possible de simplement décider qu'une éolienne doit produire le maximum qu'elle pourrait théoriquement pour qu'elle puisse le faire, car les conditions de vent à ce moment là ne le permettent pas forcément. Et il nous est bien évidemment impossible d'agir sur ce paramètre.

Quant à son impact sur l'environnement et la vie en général, il reste visiblement très limité. Il serait dommage de se priver de cette source d'énergie dans notre futur mix énergétique idéal.

L'énergie hydrolienne

L'énergie hydrolienne est aux mers et aux océans ce que l'énergie éolienne est à l'atmosphère puisqu'elle exploite la force des courants marins, que nous pouvons considérer pour l'eau comme l'équivalent du vent pour l'air.

L'énergie hydrolienne peut être exploitée de cinq manières différentes. Il est en effet possible de récupérer une partie de l'énergie mécanique des marées, de celle des courants marins ou de celle des vagues, mais aussi de tirer partie de deux phénomènes physiques permettant d'obtenir de l'électricité. Le premier, l'effet thermoélectrique, permet d'exploiter la différence de température qui peut exister entre la surface et les profondeurs. Le second est la pression osmotique, qui exploite l'affinité du sel pour l'eau.

Si la comparaison entre énergie éolienne et énergie hydrolienne est valable en termes de mécanisme de production pour la récupération de l'énergie des courants marins et des marées, contrairement à l'énergie éolienne, l'énergie hydrolienne n'a pas uniquement pour origine le rayonnement solaire. La gravitation, avec l'interaction Terre-Lune mais aussi, à une moindre échelle, Terre-Soleil, contribue à l'existence de ces formes d'énergie exploitables.

Les usines marémotrices

La récupération de l'énergie des marées est probablement la méthode de récupération de l'énergie hydrolienne la plus connue, particulièrement en France.

Les marées ont pour origine les forces gravitationnelles combinées de la Terre, de la Lune et du Soleil. La Terre et la Lune, son satellite, tournent l'une autour de l'autre du fait de leurs champs gravitationnels respectifs, et ce système tourne lui-même autour du Soleil. Pour ceux qui trouvent étrange mon affirmation que Terre et Lune tournent l'une autour de l'autre doivent comprendre que cet ensemble ne tourne pas autour du centre de la Terre mais autour du centre de gravité du couple Terre-Lune. La masse de la Terre étant d'environ 5,972 millions de milliards de milliards de kg, celle de la Lune de 73600 milliards de milliards de kg, soit 1,2 % de la masse de la Terre, et la distance les séparant étant d'environ 380 000 km, le centre de gravité de l'ensemble Terre Lune se situe sur l'axe passant par les centres des deux corps célestes, à environ 4 626km du centre de la Terre. Le rayon de la Terre étant d'environ 6400km, ce centre de gravité est situé à l'intérieur de la Terre, et l'approximation que la Lune tourne autour de la Terre est donc globalement valable. De ce fait, elle est couramment faite. Mais la différence a son importance, car c'est cette rotation autour du centre de gravité de l'ensemble Terre-Lune et non autour du centre de la Terre qui explique que le cycle des marées soit de 12 heures et non de 24.

Donc, principalement sous l'influence gravitationnelle de la Lune, mais aussi du Soleil, les eaux des océans se déplacent. Ce déplacement se traduit par les marées. L'eau mise en mouvement se dirige vers l'intérieur des terres lors de la marée montante, puis dans l'autre sens lorsque la marée descend. L'eau possède donc une énergie cinétique qu'il est possible de récupérer en partie à l'aide d'hydroliennes, que l'on peut comparer à des éoliennes à l'envers et immergées.

Passons maintenant au bilan avantages/inconvénients.

La prédictibilité

Contrairement à l'énergie éolienne, pour laquelle la prévision de la production ne peut pas être faite au-delà de quelques jours du fait de l'imprécision des modèles de prévision météorologiques, le cycle des marées est parfaitement prévisible des mois et même des années à l'avance. Il ne dépend en effet que des positions respectives de la Terre, de la Lune et du Soleil, que nos connaissances en astronomie permettent de calculer avec une précision extrême.

Une faible disponibilité de la ressource

Les usines marémotrices ne peuvent pas être installées partout. Pour que l'usine marémotrice dispose de suffisamment d'énergie à exploiter, il faut en effet que l'amplitude des marées soit suffisante pour provoquer des courants de flux et de reflux suffisamment forts pour entraîner les rotors des hydroliennes. Compte tenu des technologies actuellement en service, l'amplitude des marées doit être d'au moins 10m, afin que les courants générés aient une vitesse d'au moins 10km/h.

A la surface du globe, toutes les côtes océaniques ne permettent pas une exploitation rentable. Le potentiel exploitable est actuellement estimé à 380TWh par an, ce qui représente à peine 2 % de la consommation mondiale d'électricité. Les usines les plus connues sont celles de la Rance, en France, construite en 1966, d'une puissance de 240MW et qui produit entre 500 et 600GWh par an, celle d'Annapolis Royal au Canada, construite en 1984, d'une puissance de 20MW et celle de Silwa Lake en Corée du Sud, construite en 2011, d'une puissance de 254MW, et qui produit environ 540GWh par an.

Un impact potentiel sur l'avenir de la Terre ?

Récupérer comme cela de l'énergie cinétique n'est jamais anodin. L'énergie ne se créant pas toute seule, celle que nous prélevons sur le système qui la crée peut avoir des conséquences, qui peuvent éventuellement se révéler non négligeables.

L'énergie des marées provenant principalement de l'interaction gravitationnelle entre la Terre et la Lune, l'énergie cinétique des marées provient de l'énergie de ces deux corps célestes et l'énergie récupérée par les usines marémotrices provoque donc sa diminution. Les vitesses de la Terre et de la Lune diminuent donc en conséquence.

Naturellement déjà, à cause des frottements générés par les mouvements de l'eau, les marées produisent cet effet de ralentissement. Les deux conséquences qu'il a déjà été possible de mesurer sont l'augmentation de la durée d'une journée, qui a augmenté d'environ 1,8ms par siècle sur les 2700 dernières années, et l'éloignement progressif de la Lune de 3,8cm par an (source : https://www.notre-planete.info/actualites/4571-duree-jour-Terre-augmentation). Exploiter l'énergie marémotrice, en aggravant le phénomène, pourrait-elle finalement nous mettre en danger ?

Même si tout le potentiel disponible était exploité, 380TWh comme dit auparavant, l'énergie que nous pourrions récupérer correspondrait à seulement environ 1,7 % de l'énergie dissipée naturellement par les frottements, car celle ci est estimée à 22000TWh par an. Naturellement, ces pertes devraient diminuer avec le temps, le lent éloignement de la Lune réduisant l'amplitude des marées et donc les pertes induites par les frottements. Mais en faisant l'hypothèse pessimiste qu'ils restent constants, nous pouvons obtenir des valeurs surestimées de l'influence du phénomène. Sur les quatre prochains milliards d'années, les jours ne seront plus longs que d'un peu plus de 26 secondes et la Lune se sera éloigné de nous de 152000km, pour porter la distance Terre-Lune de 380000km actuellement à 532000km. L'impact de l'allongement de la durée du jour est de toute évidence totalement négligeable, et il sera d'autant moins perceptible qu'il se produit à un rythme suffisamment lent pour que toute forme de vie puisse s'adapter sans même s'en rendre compte. Quant à l'éloignement de la Lune, il réduira la force des marées et nous privera des éclipses totales de Soleil, car la Lune, dans environ 600 millions d'années, n'apparaîtra plus assez grosse dans le ciel pour cacher entièrement le Soleil. L'impact d'une éventuelle exploitation à grande échelle de l'énergie marémotrice reste donc extrêmement limité et elle devrait donc être sans la moindre conséquence pour l'environnement.

La récupération de l'énergie des courants marins

A la surface du globe, de nombreux courants marins ont été identifiés, comme le montre la carte ci-dessous :

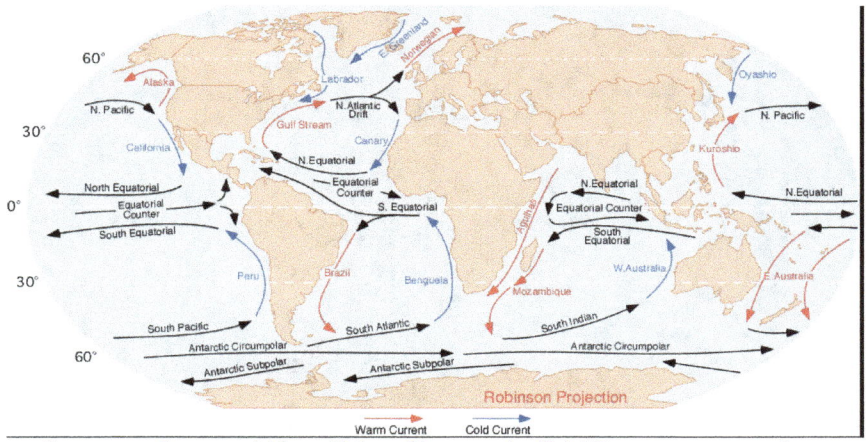

Source : https://fr.wikipedia.org/wiki/Courant_marin

L'ensemble de ces courants constitue ce que nous appelons la boucle thermohaline.

Ces courants marins ont pour origine, comme pour l'énergie éolienne, l'énergie solaire. Le rayonnement solaire, dont l'intensité varie en fonction de la latitude, provoque des différences de températures dans les océans. Les eaux proches de l'équateur s'échauffent donc bien plus que celles présentes aux pôles. Les eaux chaudes, plus légères, ont tendance à monter en surface. Pendant ce temps là, les eaux plus froides, donc plus lourdes, plongent vers le fond.

Cet effet que tout le monde peut observer dans la vie quotidienne, est appelé la convection. Dans une simple casserole contenant de l'eau et placée sur un réchaud à gaz, l'eau se mettra naturellement en mouvement, montant au dessus du point de chauffage, puis redescendant sur les bords plus froids, comme le montre l'illustration ci-dessous.

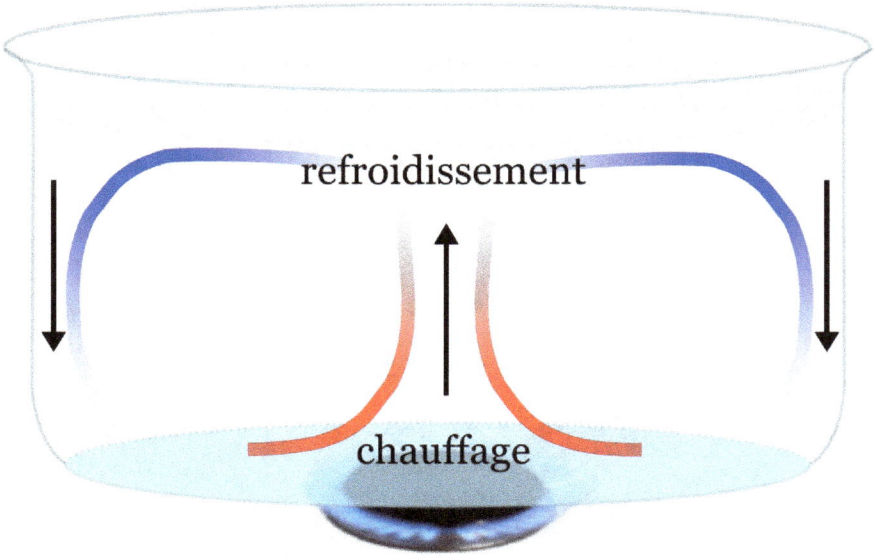

Source : https://fr.wikipedia.org/wiki/Convection_thermique

A l'influence du phénomène de convection s'ajoute l'impact de la formation de la banquise en hiver. La formation de glace, qui ne piège que l'eau, augmente la concentration en sel des eaux froides restant libres, les alourdissant encore et accélérant ainsi leur plongée dans les profondeurs.

Ces courants marins ont une importance capitale. Leur circulation permet en effet de répartir l'énergie solaire plus équitablement à la surface du globe, avec des influences importantes sur les climats locaux. Tout le monde connaît par exemple l'effet de réchauffement que le Gulf Stream apporte à la façade ouest de l'Europe.

Un impact significatif sur l'environnement ?

Exactement comme pour l'énergie éolienne, la récupération à grande échelle de l'énergie des courants marins conduirait à leur ralentissement. Des modifications des climats locaux pourraient donc intervenir. Ici aussi, des études mériteraient d'être menées avant implantation si jamais nous décidions de recourir massivement à cette source d'énergie dont le potentiel exploitable est estimé à 800TWh par an (source : https://www.connaissancedesenergies.org/fiche-pedagogique/energies-marines).

Le plus gros impact identifié aujourd'hui est celui du déplacement local, voire global, du courant marin exploité. Si le déplacement reste local et que le courant "évite" le champ d'hydrolienne, seule la production d'électricité sera touchée. Une réduction plus ou moins forte de la production est donc à craindre. Si la modification du courant marin est plus importante, des impacts sur les climats locaux n'est pas impossible. L'installation d'un nouveau parc d'hydroliennes peut ainsi affecter aussi un parc situé bien plus loin. Voir "https://www.actu-environnement.com/ae/news/cnrs-courants-marins-turbines-hydrolienne-perturbations-35332.php4" pour plus de détails.

Les hydroliennes ont aussi un effet direct sur la faune et la flore locale. En générant des turbulences, elles peuvent mettre en suspension des particules sédimentaires, causant ainsi un changement des conditions de vie dans la zone. Les espèces initialement présentes peuvent éventuellement en être gênées à un point tel qu'elles disparaissent et se voient remplacées par d'autres mieux adaptées à ces nouvelles conditions. Et comme cela arrive aux éoliennes avec les oiseaux, des collisions peuvent provoquer des blessures voire la mort de poissons ou de mammifères marins.

Une maintenance compliquée

Puisque les hydroliennes sont immergées, elles sont soumises à un certain nombre d'agressions contre lesquelles il faut lutter.

La première vient du développement d'algues ou d'autres organismes marins qui s'accrochent à toutes les surfaces solides. L'utilisation d'une peinture spéciale, dite "antifouling", contenant des biocides, permet de réduire cette colonisation. Pour des raisons évidentes, l'application de cette peinture, qui doit être renouvelée à intervalle régulier, ne peut se faire qu'en dehors de l'eau, dans des installations garantissant qu'aucun rejet de cette peinture, qui est par définition toxique, n'intervienne dans l'océan.

Compliquant encore la maintenance, si les hydroliennes sont installées dans un courant chargé en sédiments, un effet mécanique d'érosion apparaîtra et les usera prématurément.

Conclusion

Bien que durable et renouvelable, l'exploitation de l'énergie des courants marins n'est peut-être pas souhaitable à grande échelle. Compliqué techniquement, que ce soit au niveau de l'installation ou de la maintenance, la récupération de l'énergie des courants marins risque de rester coûteuse. Son potentiel impact sur le circuit des courants marins, dont la configuration actuelle participe à définir les climats locaux que nous pouvons avoir en transportant la chaleur du Soleil des zones tropicales vers les zones polaires, pourrait avoir une influence sur le climat qu'il nous serait difficile de prévoir.

Même s'il semble raisonnable de penser que si un courant se déplace suite à une exploitation exagérée, la diminution de son exploitation voire son arrêt serait de nature à lui permettre de reprendre naturellement son cours originel. Mais la dynamique des courants étant tellement complexe que nous ne pouvons en avoir la certitude absolue.

L'énergie houlomotrice

L'énergie houlomotrice utilise l'énergie des vagues. Une nouvelle fois, cette énergie est une forme dérivée de l'énergie solaire, les vagues étant causées par le vent, lui même produit par les différences de température de l'atmosphère que provoque le réchauffement non uniforme de l'atmosphère par le rayonnement solaire.

Parmi toutes les manières d'exploiter l'énergie hydrolienne, l'énergie houlomotrice est celle qui présente le meilleur potentiel. L'énergie qu'il est possible d'envisager en retirer s'élève en effet à 80000TWh par an, soit presque 69 % de notre consommation d'électricité actuelle.

Malheureusement, la technologie actuelle n'est pas encore suffisamment mature pour permettre une exploitation à l'échelle industrielle.

Un impact environnemental ?

Prendre l'énergie des vagues va forcément avoir une influence sur la dynamique des littoraux. D'une manière positive d'abord, puisque des vagues moins fortes provoqueront moins d'érosion de la côte. Mais négative peut-être aussi en modifiant les conditions de vie de la flore et de la faune entre le dispositif de récupération et la côte, car des vagues moins fortes provoqueront moins de brassage de l'eau et une moindre mise en suspension des sentiments.

Si l'impact ne peut évidemment pas être considéré comme nul, il est peu probable qu'il soit catastrophique ni même trop important pour disqualifier cette forme de récupération extrêmement prometteuse.

Un impact sur les activités nautiques et maritimes ?

En barrant le passage de la côte vers la haute mer, les installations houlomotrice représenteront bien évidemment un obstacle pour la navigation maritime. Mais un peu d'organisation devrait permettre à chacun de trouver son compte.

Concernant les activités nautiques, l'impact pourrait être non négligeable sur toutes celles qui exploitent les vagues, comme le surf par exemple. Mais il faut ici aussi raison garder, et s'il faut sacrifier quelques activités nautiques en échange de l'arrêt du réchauffement climatique, il est clair que le jeu en vaut la chandelle. L'imagination de l'Homme est telle qu'il trouvera sans difficulté d'autres façons de s'amuser.

Conclusion

L'énergie des vagues étant issue de celle du vent, dont l'énergie provient du rayonnement solaire, l'énergie des vagues est elle aussi durable et renouvelable. L'impact sur l'environnement étant visiblement faible, son exploitation ne devrait pas poser de problèmes. Si nous ajoutons son potentiel en termes d'énergie disponible, nous pouvons dire sans hésiter que l'énergie houlomotrice est une bonne candidate pour notre mix énergétique idéal.

L'énergie thermique

Plus à titre anecdotique, pour le moment du moins, une autre façon d'exploiter l'énergie contenue dans les océans est de tirer partie de la différence de température qui existe entre les eaux de surface et celles des profondeurs. Cette différence de température est entretenue par les courants marins, comme nous venons juste de le voir. Dans les océans, au niveau des zones tropicales, la différence de température entre la surface et les profondeurs (-1000m et au-delà), peut atteindre une quinzaine de degrés.

Le phénomène physique qui permet de produire de l'électricité à partir d'une différence de température est appelé l'effet Seebeck, du nom de son découvreur.

Le phénomène inverse, nommé effet Peltier, ici aussi du nom de son découvreur, qui consiste à produire une différence de température à partir d'un courant électrique est d'un usage bien plus fréquent. Il peut en effet servir à refroidir un composant donné sur une carte électronique, que ce soit simplement pour "overclocker" le processeur de son ordinateur personnel ou pour des utilisations plus exigeantes en matière de fiabilité et de maîtrise de la température dans le domaine spatial ou militaire. Plus terre à terre, les cellules à effet Peltier peuvent aussi servir à conserver nos aliments au frais dans une glacière.

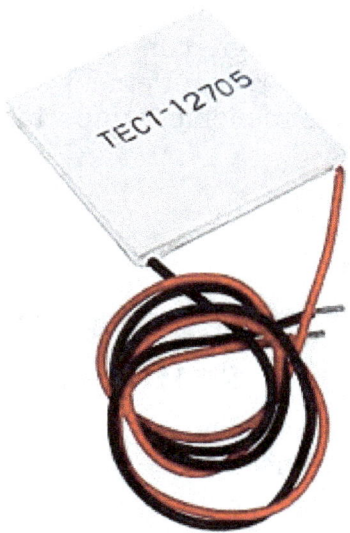

Photo d'une cellule à effet Peltier

Le potentiel énergétique de l'énergie thermique des océans est assez important puisqu'il est estimé à 10000TWh par an. Par contre, la technologie est loin d'être suffisamment mature pour permettre son exploitation à grande échelle. En plus, le rendement de conversion étant d'autant meilleur que la différence de température est grande, ce qui fait que seules les zones tropicales seraient exploitables à un coût raisonnable.

Conclusion

Bien que disposant d'un potentiel important, cette technique de production d'électricité doit encore faire ses preuves et démontrer qu'elle peut être utilisable à l'échelle industrielle.

Son impact sur l'environnement doit aussi être étudié, car cette production d'énergie conduit à un refroidissement des eaux de surface et au réchauffement de celles en profondeur, avec un impact potentiellement important sur la vie marine et les courants marins.

L'énergie générée par la pression osmotique

Toujours à titre anecdotique, de l'énergie hydrolienne peut être produite en exploitant ce que nous appelons la pression osmotique.

Si nous relions deux réservoirs d'eau, l'un contenant de l'eau salée et l'autre contenant de l'eau pure, en les séparant par une membrane semi-perméable, un flux d'eau faisant passer l'eau du compartiment ou elle est pure vers celui ou elle est salée se mettra naturellement en place. La hauteur d'eau augmentera donc dans le compartiment salé et elle diminuera d'autant dans l'autre. Cette différence de hauteur peut alors être utilisée comme dans un barrage hydraulique, à bien moindre échelle évidemment, pour produire de l'électricité. Ce phénomène peut être schématisé comme suit :

Source : https://www.connaissancedesenergies.org/fiche-pedagogique/energie-osmotique

Si elle est maîtrisée, puisqu'un prototype d'une puissance d'un peu moins de 4kW a déjà été mis en service à Tofte, près d'Oslo en Norvège en 2013 par la société Statkraft, une exploitation à l'échelle industrielle est encore très nettement hors de portée. Le potentiel est pourtant important, puisqu'il est estimé entre 1600 et 1700 TWh par an (source : "<https://www.statkraft.fr/actualites/news-and-stories/archive/2009/Inauguration-de-la-premiere-centrale-osmotique/>").

A noter que ce type de centrale ne peut être installée qu'aux endroits ou eaux salées et douces sont naturellement présentes, c'est à dire principalement à l'embouchure des fleuves.

Conclusion

Bien que prometteuse, cette dernière technique doit encore faire ses preuves pour démontrer qu'elle sera un jour exploitable à l'échelle industrielle. Mais son absence d'impact sur l'environnement puique l'eau douce qui devient salée le serait de toute façon devenue au moment ou elle se serait jetée dans la mer, fait d'elle une piste intéressante. Dans l'attente de nouvelles percées technologiques, il appairait cependant prématuré d'envisager l'intégrer dans notre mix énergétique idéal.

L'énergie hydraulique

L'énergie hydrolienne est liée aux mers et aux océans, c'est à dire aux étendues d'eau salée. L'énergie hydraulique, à l'inverse, concerne uniquement l'eau douce.

Causé par le rayonnement solaire, encore lui, l'eau des océans se réchauffe et, en conséquence, s'évapore régulièrement. L'air chaud présent à la surface des océans se charge alors de cette vapeur d'eau. Plus léger car plus chaud, par phénomène de convection comme dans le cas des courants marins que nous avons déjà vu, cet air chaud monte en altitude. Il se refroidit progressivement jusqu'à ne plus être capable de contenir sous forme de vapeur toute l'eau qu'il a accumulé. Cette eau excédentaire se condense alors sous la forme de minuscules gouttelettes, donnant les nuages que nous connaissons bien. Sous l'effet du vent, ces nuages se déplacent et certains d'entre-eux prennent la direction des terres émergées.

Lorsque les conditions permettant aux gouttelettes de rester en suspension dans l'air finissent par ne plus être respectées, elles tombent sur le sol sous la forme de pluies. Ensuite, tout aussi naturellement, ces eaux de pluie ruissellent pour, au final, retourner dans les océans. Ce cycle, qui se déroule en permanence, est appelé le cycle de l'eau.

Pendant ce cycle, l'eau a gagné de l'altitude, puisqu'elle est partie du niveau des océans habituellement considéré comme origine des altitudes, pour atteindre l'altitude du lieu ou elle est tombée. L'énergie solaire lui a donc apporté de l'énergie potentielle. Comme nous l'avons vu dans le chapitre dédié à l'énergie potentielle, cette énergie est proportionnelle à la différence d'altitude entre le niveau de la mer et l'altitude de l'endroit ou il pleut et à la masse de l'eau de cette pluie. C'est une partie de cette énergie que nous récupérons.

Il y a deux façons de récupérer cette énergie potentielle. La première, et la plus simple, consiste à tirer partie de la vitesse de l'eau qui s'écoule dans les cours d'eau. C'est le principe des moulins à eau, dont la roue à aubes est entraînée en rotation par le courant. Cette énergie de rotation peut alors soit être utilisée directement, par exemple pour actionner une meule permettant de produire de la farine, soit convertie en électricité à l'aide d'un générateur, comme dans une centrale thermique ordinaire.

Le deuxième procédé est plus complexe, mais il permet de produire beaucoup plus d'électricité. Il nécessite de disposer d'un endroit ou une différence de niveau existe entre deux points d'un cours d'eau. Ces lieux existent à l'état naturel, puisque les cascades répondent à cette définition.

Les cascades d'une hauteur suffisante étant peu nombreuses, l'Homme a eu l'idée de créer ses propres installations permettant de produire artificiellement cette différence de hauteur. En barrant une vallée ou circule au fond une rivière, l'eau peut s'accumuler en amont du barrage et une différence de hauteur est ainsi obtenue avec l'aval. Une différence de hauteur dépassant les 300m peut être obtenue, comme par exemple pour les barrages de Jinping en Chine (305m) et celui de Nourek, au Tadjikistan (304m).

L'énergie potentielle accumulée dans le barrage est ensuite convertie en énergie cinétique lorsque l'eau est relâchée. Celle-ci est alors partiellement transformée en électricité au moyen de générateurs électriques.

Passons maintenant au bilan avantages/inconvénients.

Une production "pilotable"

Un des avantages de l'énergie hydraulique est d'être pilotable, tout du moins quand le barrage contient suffisamment d'eau pour permettre d'actionner les turbines. Il suffit en effet d'ouvrir les vannes pour que la production commence à sa puissance maximale, et de les fermer lorsque les besoins en électricité sont couverts par d'autres sources de production.

Une méthode de stockage de l'électricité produite en trop

Un barrage permet de stocker de l'énergie sous la forme d'énergie potentielle, celle de l'eau qui s'accumule. Si le taux de remplissage du barrage le permet, il est possible de compléter l'apport naturel par le cours d'eau qui alimentent le lac de retenue par de l'eau obtenue par pompage d'eau en aval. Si l'électricité utilisée est celle que nous devons de toute façon produire, parce qu'il y a du soleil, du vent, ou par excédent de production des centrales nucléaires, alors que nous n'avons pas une activité suffisante pour la consommer, au lieu d'arrêter de la produire, ce mécanisme de pompage peut être utilisé. L'eau remontée apportera alors ensuite, au moment opportun, un surplus de production qui sera le bienvenu.

Un risque pour l'environnement ?

Les barrages au fil de l'eau ont un impact aussi limité que la production d'énergie qu'ils permettent. En réduisant la vitesse du courant, sur une certaine distance en aval, ils peuvent modifier les conditions de vie du cours d'eau qu'ils exploitent. La flore et la faune peuvent en être affectées, mais dans des proportions qui peuvent être considérées comme négligeables.

Il en est autrement pour les barrages. En amont, ils modifient considérablement les conditions de vie puisque nous passons d'un écosystème centré autour d'un cours d'eau à un écosystème lacustre. En aval, il modifie le flux de l'eau, réduisant le niveau du cours d'eau lorsqu'il nous ne produisons pas d'électricité, et le gonflant artificiellement lors des phases de production intensives. L'eau relâchée possède aussi une composition différente de celle qu'elle avait auparavant. Le barrage ne retient en effet pas que de l'eau car il retient aussi des sédiments. L'eau relâchée en est donc plus chargée, modifiant d'une autre façon les conditions de vie. L'ensemble de la flore et de la faune s'en trouve donc modifié. Mais est-ce vraiment catastrophique ?

Si des espèces endémiques sont présentes, la construction du barrage risque fortement de les faire disparaître, réduisant encore un peu plus la biodiversité pourtant si importante pour notre survie. Mais cet impact sur la biodiversité reste très faible, car même si la construction du barrage va jusqu'à l'extinction complète de cette espèce, aussi dommageable que que cela puisse être considéré, l'impact ne sera que très local. Il n'y a aucune chance pour qu'une réaction en chaîne conduise à un effet catastrophique sur notre environnement global. Au final, un écosystème en remplace un autre, ce qui arrive régulièrement et naturellement à la surface du globe. Il est en effet déjà arrivé qu'une coulée de lave bloque un cours d'eau de la même manière que nos barrages en béton le font, sans que la vie au sens large n'en soit négativement impactée.

Un risque pour les populations ?

Retenir d'énormes quantités d'eau dans une vallée est bien évidemment une source de danger. Un défaut de conception, un tremblement de terre, peuvent en effet conduire à une rupture à plus ou moins longue échéance du barrage, provoquant le déversement de toute l'eau retenue et dévastant tout sur son passage.

Les exemples de barrages ayant cédés sont nombreux. En France, la rupture du barrage de Malpasset, le 2 décembre 1959, à cause de mauvaises fondations sur le côté gauche, a détruit en partie la ville de Fréjus, provoquant la mort de 423 personnes. En Italie cette fois-ci, en mars 1959, le barrage de Vajont est touché par un glissement de terrain qui envoie 260 millions de m³ de matériaux dans le lac de rétention, provoquant une vague vers l'aval et une autre vers l'amont. Cette dernière provoquera une deuxième vague vers l'aval lorsque l'eau redescendra. Si le barrage a bien résisté, le phénomène a néanmoins provoqué la descente d'une première vague de plus de 150m de haut, suivie par deux autres, provoquant la mort de 1900 personnes (source : "https://fr.wikipedia.org/wiki/Barrage_du_Vajont").

Conclusion

L'énergie hydraulique étant encore une source d'énergie dont l'origine est l'énergie solaire, elle partage avec elle son caractère durable et renouvelable. Son exploitation peut avoir une influence importante sur l'environnement, mais uniquement à une échelle locale. Une bonne candidate pour notre mix énergétique idéal.

La géothermie

La géothermie correspond à l'exploitation de l'énergie dégagée par la Terre. Pour comprendre d'où provient cette énergie, il faut se repasser le film de la création de la Terre.

Il y a approximativement 4,5 milliards d'années, de multiples corps célestes étaient présents dans le système solaire, ou ils se déplaçaient à des vitesses très élevées. Les collisions étaient alors nombreuses et, par agglutination, ou accrétion pour reprendre le terme scientifique adapté, certains de ces corps ont grossi plus que d'autre jusqu'à donner ce que nous appelons maintenant les planètes. Comme ces corps célestes étaient très rapides, ils possédaient une énergie cinétique élevée, qui s'est convertie en chaleur lors des collisions. A cette chaleur s'est ajoutée celle dégagée par des éléments radioactifs à courte période comme par exemple l'aluminium 216 ou le fer 60, qui ont maintenant disparu. Le résultat a été une Terre qui était quasiment totalement fondue lors de sa "naissance".

Ensuite, la Terre a continué à produire de la chaleur en son sein, mais elle a aussi commencé à se refroidir progressivement en rayonnant son énergie thermique dans l'espace. Ce refroidissement est assez lent puisqu'il n'a été par exemple que de 3 à 6 degrés durant les 65 derniers millions d'années.

Pour mieux comprendre l'origine du réchauffement interne de la Terre, regardons de plus près sa composition. Elle peut être schématisée par le croquis suivant :

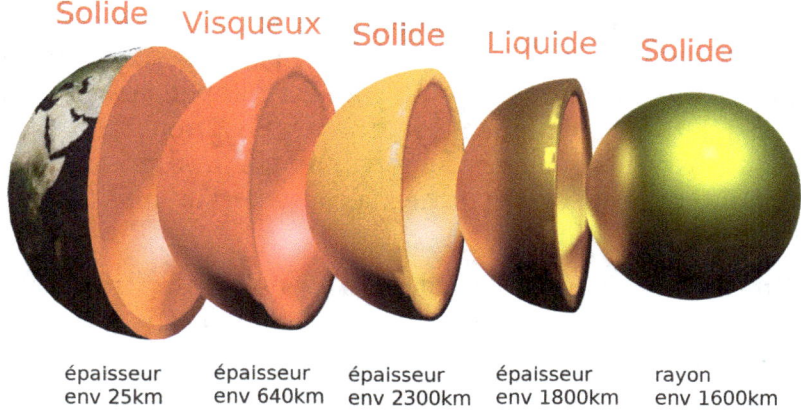

Alors comment la Terre peut-elle encore produire de la chaleur en son sein ? En fait, plusieurs mécanismes sont à l'œuvre.

Le premier vient de la radioactivité naturelle. La Terre contient en effet des éléments radioactifs qui, en se désintégrant naturellement, produisent de la chaleur, exactement comme dans nos centrales nucléaires. Ce sont principalement quatre éléments qui fournissent cette chaleur : le thorium 232, dont la désintégration est responsable de 44 % du réchauffement, l'uranium 238 (39%), le potassium 40 (15%) et l'uranium 235 (2%). Pour l'estimation de l'énergie générée par cette radioactivité naturelle, les constitutions du manteau inférieur et du noyau de la Terre n'étant connues que très partiellement, la fourchette est large. Nous estimons en effet qu'elle s'élève entre 131400 et 219000TWh chaque année, avec une valeur typique généralement prise à 184000TWh.

Le deuxième mécanisme à l'œuvre est celui de la cristallisation du noyau supérieur Celui-ci est principalement constitué de fer, mais il contient aussi quelques autres éléments légers, comme le soufre. Lorsque le fer cristallise, il descend par gravité pour rejoindre le noyau interne. En compensation, les éléments légers ont tendance à remonter. Ces mouvements produisent des frottements qui contribuent à produire de la chaleur. L'énergie dégagée par ce mécanisme sur une année est estimée à 8760TWh.

Enfin, comme l'eau des mers et des océans, l'ensemble de la Terre, y compris ses parties solides, est soumis à l'effet des marées dont nous avons déjà parlé dans le chapitre consacré à l'énergie hydrolienne. Moins spectaculaire en apparence, puisqu'il n'est pas possible de constater visuellement cet effet dans la vie courante, il apporte une petite contribution au réchauffement de la Terre. L'énergie qu'il permet de dégager est quand même estimée à 876TWh chaque année. Pour information, les interactions gravitationnelles entre Jupiter et ses plus importants satellites vont jusqu'à produire un volcanisme actif sur Io, un des plus gros satellites de Jupiter, comptant plus de 400 volcans actifs !

Au total, l'intérieur de la Terre est chauffée avec une énergie d'environ 201,5±35PWh chaque année, et comme l'énergie rayonnée dans l'espace par la Terre est estimée à environ 403PWh chaque année, la Terre se refroidit globalement.

Les différentes méthodes d'exploitation

Grosso modo, trois techniques sont mises en pratique pour récupérer l'énergie géothermique. Leur classement est induit par la profondeur à laquelle l'énergie est récupérée.

La géothermie très basse énergie

La géothermie la plus facile à exploiter est la géothermie de surface. La profondeur des installations peut varier entre 10 et 800m, ou des conditions de températures comprises entre 10 et 30°C peuvent être rencontrées.

Ces températures étant peu élevées, une exploitation directe n'est pas envisageable. Le recours à des pompes à chaleur qui, moyennant une alimentation électrique, permettent d'extraire les calories du sol pour les envoyer dans le circuit de chauffage du bâtiment, est nécessaire.

En général, ces pompes à chaleur génèrent quatre fois plus d'énergie de chauffage qu'elle ne consomme d'électricité. Une pompe à chaleur consommant une puissance électrique donnée est donc équivalente à un radiateur électrique consommant 4 fois cette puissance.

Seule une utilisation en chauffage, voire en climatisation si le flux est inversé (chauffage du sol avec les calories excédentaires du bâtiment) est possible. La production d'électricité n'est par contre pas possible, les températures rencontrées étant trop faibles pour que le rendement de conversion qu'il est techniquement possible d'obtenir soit suffisamment intéressant.

La géothermie basse énergie

Plus profondément dans le sol, entre 800m et 2500m, peuvent se trouver des nappes souterraines dont la température est comprise entre 30 et 90°C. Généralement, elles se trouvent dans des matériaux poreux, comme des sables, des grès, des calcaires ou des craies, que nous trouvons abondamment dans les bassins sédimentaires. En France, les zones présentant ces caractéristiques sont nombreuses et étendues, comme le montre la carte ci-dessous.

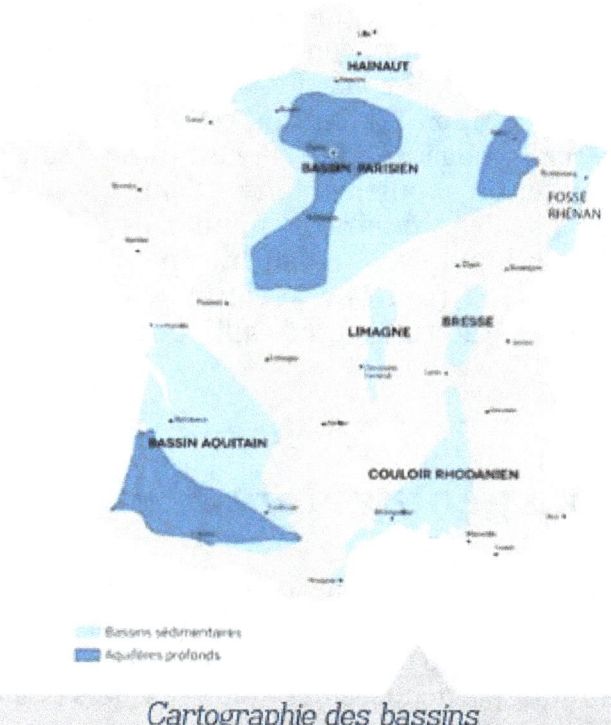

Cartographie des bassins sédimentaires français (BRGM)

Source : http://www.afpg.asso.fr/wp-content/uploads/2021/10/Etude-filière-v11-web.pdf

Ici encore, les températures rencontrées sont insuffisantes pour permettre une production directe et efficace d'électricité. Cette énergie géothermique sert donc principalement à produire du chauffage, en raccordant des quartiers entiers au moyen d'un réseau de chaleur urbain, mais elle peut aussi servir à la production industrielle, voire agricole (chauffage des serres), et même au thermoludisme.

En complément du bénéfice déjà apporté par la chaleur de l'eau souterraine, sa forte teneur en minéraux peut aussi permettre de récupérer des éléments intéressants. Dans la vallée rhénane, en France, la concentration des eaux en lithium, matériau exploité dans la construction des batteries électriques, peut atteindre 150ppm. En filtrant ces eaux, il est envisageable de récupérer la quasi totalité de ce lithium, sans générer la moindre pollution supplémentaire. D'après les estimations, il serait possible de produire la totalité de la consommation française de lithium avec seulement une dizaine de centrales géothermiques (source : http://www.afpg.asso.fr/wp-content/uploads/2021/10/Etude-filière-v11-web.pdf).

La géothermie profonde

L'exploitation de la géothermie profonde se situe à des profondeurs comprises entre 2500 et 5000m, dans les zones fracturées. Elle permet d'obtenir des températures supérieures à 150°C, qui sont particulièrement intéressantes pour la production d'électricité.

La géothermie profonde peut être mise en œuvre dans deux types de zones géologiques. Les zones de volcanisme actif sont particulièrement intéressantes, car cette importante chaleur est présente à des profondeurs plus faibles. La Toscane, en Italie, l'Islande, dans sa totalité, la Guadeloupe, sont quelques uns de ces lieux propices. Les réservoirs fracturés que nous pouvons aussi trouver dans des bassins d'effondrement, zones géographiques très étendues selon un axe et provoquées par l'étirement de la croûte terrestre, sont aussi des zones propices.

La géothermie, une énergie propre ?

Hors construction, l'exploitation d'une centrale géothermique ne nécessite qu'un peu d'électricité pour faire fonctionner les différentes pompes et électrovannes qui entrent dans sa construction. Actuellement, il est estimé que les émissions de CO_2 causées par l'exploitation de l'énergie géothermique sont de 38gCO_2/kWh. Dans une situation idéale, ou toute l'électricité serait produite de manière durable, ce bilan deviendrait nul.

La géothermie, une énergie pilotable et non intermittente

Par définition, l'énergie géothermique n'est pas a proprement parler pilotable. Son flux est en effet entièrement déterminé par la température de la Terre et la vitesse de diffusion de la chaleur dans les matériaux dont elle est composée et il nous est donc impossible de le réguler. Par contre, nous pouvons parfaitement contrôler son exploitation, que nous l'utilisions en production directe de chaleur ou en production d'électricité, et décider de produire plus ou moins en fonction des besoins réels.

La géothermie, une énergie durable ?

La géothermie peut elle être exploitée jusqu'à la fin de la vie de la Terre ? La réponse à cette question est positive, mais elle doit être interprétée avec précaution. Au début de ce livre, nous avons en effet évoqué deux événements prévisibles, dont le premier qui se produira causera la fin de toute vie sur Terre. Il s'agit de la "mort" du Soleil et de la disparition du champ magnétique terrestre. Les hypothèses actuelles disent que le deuxième événement sera celui qui interviendra chronologiquement parlant le premier.

Une exploitation massive de la géothermie provoquerait inévitablement l'accélération du refroidissement de notre planète, ce qui rapprocherait le moment ou elle sera trop froide pour continuer à produire son champ magnétique protecteur. Toute accélération du refroidissement de la Terre réduit donc son espérance de vie.

Donc oui, la géothermie est une énergie durable puisqu'elle nous permettra bien de tenir jusqu'à ce que la Terre devienne inhabitable, mais c'est l'ampleur de son exploitation qui en fixera la date.

La géothermie, une énergie renouvelable ?

Nous avons vu les différents mécanismes qui sont à l'origine de la chaleur de la Terre : la radioactivité naturelle, la cristallisation du noyau supérieur et l'effet de marée terrestre.

Le potentiel de la radioactivité naturelle ne fait que s'amoindrir. Les éléments radioactifs présents à l'intérieur de la Terre vont lentement poursuivre leur cycle de désintégration jusqu'à se transformer en éléments non radioactifs. Et quand le stock sera complètement épuisé, cette source de chaleur disparaîtra.

Il en est de même pour le phénomène de cristallisation du manteau supérieur. Lorsque il sera trop froid pour rester liquide, il en sera fini de tout mouvement en son sein, et donc de la production de chaleur par frottements.

Il ne restera donc plus que le réchauffement provoqué par les marées terrestres, mais comme il ne compte que pour environ 0,2 % de la puissance totale de chauffage actuelle, il sera largement insuffisant pour permettre à la Terre de conserver une température contribuant à maintenir la vie à sa surface.

Par essence, l'énergie géothermique n'est donc pas renouvelable.

La géothermie profonde peut provoquer des tremblements de terre

En modifiant l'équilibre fragile des milieux fracturés, la géothermie profonde peut être à l'origine de séismes. Le 15 novembre 2017, dans la ville de Pohang, en Corée du sud, un tremblement de terre d'une magnitude de 5,4 attribué à l'activité de la centrale géothermique située à proximité s'est produit. Il a fait 92 blessés et plusieurs dizaines de millions d'euros de dégâts. Plusieurs répliques, dont une de magnitude de 4,6, l'ont suivie.

En France, à Strasbourg, alors même qu'un projet de géothermie profonde avait été stoppé depuis plus de 6 mois, un tremblement de terre de magnitude comprise entre 3,9 et 4,3 selon les estimations, s'est produit. D'autres ont suivi, amenant la préfecture du Bas-Rhin à prononcer l'arrêt définitif du projet (source : https://www.lemonde.fr/energies/article/2021/06/26/geothermie-en-alsace-strasbourg-de-nouveau-reveille-par-un-seisme-de-magnitude-3-9_6085796_1653054.html).

Est-il donc raisonnable de l'exploiter ?

Puisqu'exploiter l'énergie géothermique précipite notre fin, serait-ce bien raisonnable de nous lancer dans cette aventure ?

Commençons par comparer le flux d'énergie rayonné par la Terre avec notre consommation énergétique. Le refroidissement naturel correspond à une puissance de 46TW, soit une perte d'énergie d'environ 403PWh chaque année. Notre consommation totale d'énergie sur une année s'élève, quant à elle, à 163GWh (environ 14MTep). En proportion, notre consommation reste donc négligeable par rapport à toute cette énergie rayonnée dans l'espace.

Si nous ne voulons pas accélérer le refroidissement de la Terre, ne pourrions-nous pas simplement récupérer cette énergie que la Terre rayonne dans l'espace "en pure perte" ? Son exploitation n'ajouterait en effet rien à la perte de chaleur naturelle et n'avancerait donc pas le moment ou le champ magnétique disparaîtrait.

A l'évidence, rien ne nous empêche d'en tirer profit. Mais comme ce flux de chaleur ne représente en moyenne que 80mW par m^2, sa récupération n'est pas simple. Pour l'illustrer, nous pouvons calculer que rien que pour allumer une ampoule de 80W, nous devrions exploiter l'énergie dégagée par une surface de 1000m^2 ! Et, pour obtenir ce chiffre, encore faut-il supposer que nous sommes en mesure de récupérer la totalité de l'énergie dégagée par la surface, ce que les techniques actuelles ne permettent pas. Le double, voire un peu plus, seraient donc nécessaire en pratique.

L'énergie géothermique ne serait-elle alors qu'une fausse bonne idée ? Et bien pas totalement, car la valeur de 80mW par m^2 n'est qu'une moyenne et le flux géothermique peut varier considérablement d'un endroit à un autre du globe. Dans les régions volcaniques actives, il est nettement plus élevé. Il permet alors d'atteindre des températures d'eau très élevées, ce qui facilite le processus de production d'électricité. A titre d'exemple, en Islande, la consommation d'énergie primaire est assurée à près de 62 % par la géothermie.

Une autre technique existe pour exploiter la chaleur du sol. Elle est basée sur l'utilisation de pompes à chaleur, qui récupèrent les calories présentes dans le sol, en surface. Ces installations n'étant que peu profondes, l'énergie qu'elles permettent de récupérer provient bien plus du réchauffement du sol provoqué par le Soleil que de celui provenant des entrailles de la Terre. En fait, il ne s'agit ici que d'une autre forme de récupération de l'énergie solaire, qui tire profit de l'inertie calorifique des sols, ceux-ci se réchauffant l'été grâce au Soleil puis restituant cette chaleur durant l'hiver. Son emploi n'a donc aucun impact sur l'espérance de vie de la Terre.

Cette technique possède, en plus de l'avantage de pouvoir produire de la chaleur en hiver, celui de pouvoir stocker dans le sol la chaleur excédentaire du bâtiment auquel elle est raccordée, lui fournissant une climatisation.

Conclusion

La chaleur terrestre est donc une denrée limitée qu'il convient de ne pas gaspiller. Malgré son caractère dangereux, puisque son exploitation à outrance peut provoquer des séismes voire précipiter la fin de toute vie sur Terre, se limiter à exploiter la chaleur qui se dégage des zones ou le volcanisme est actif, et qui sera forcément perdue dans l'espace à très court terme, ou celle de surface qui est d'origine solaire, donc parfaitement durable et renouvelable, est parfaitement envisageable. Aller au-delà reste possible, mais le risque doit être précisément calculé.

L'énergie nucléaire

Ah, l'énergie nucléaire. Aucune autre source d'énergie ne provoque une telle passion !

Pour s'en convaincre, il suffit de lire les commentaires grossiers voire haineux qui sont faits en réponse à la moindre petite critique qui peut être faite envers cette source d'énergie sur les réseaux sociaux. Mais pourquoi une telle ferveur?

Personnellement, lorsque j'étais plus jeune, j'étais moi aussi fasciné par l'idée que le petit cube d'uranium que je tenais dans la main permettait l'alimentation en électricité d'une ville pendant plusieurs jours. Il y avait là quelque chose de magique. En grandissant, lorsque j'ai compris que la main qui avait tenu ce petit cube, il fallait commencer par me l'amputer pour essayer de me sauver la vie, j'ai commencé à sérieusement changer d'avis. L'accident de Tchernobyl a fini de me convaincre du danger extrême que représente cette source d'énergie.

Mais revenons en un peu aux faits et décrivons cette, ou plutôt ces, sources d'énergie, car l'énergie contenue dans la matière peut être récupérée de deux façons. Cela peut être fait soit en cassant des atomes, soit en les faisant fusionner.

Le principe physique à l'origine de l'énergie nucléaire, qu'elle soit obtenue par fission (on casse un "gros" atome") ou fusion (ou agglomère deux "petits" atomes"), est simple. Dans sa théorie de la relativité, le physicien Albert Einstein a démontré que masse et énergie sont équivalentes. Elles peuvent donc se transformer l'une en l'autre. Cette équivalence est décrite par la célèbre formule que, je suis sûr, pratiquement tout le monde connaît :

$$E = m \cdot c^2$$

Elle signifie que lorsque de la matière de masse m, exprimée en kilogrammes, se transforme en son équivalent énergétique en joules, la quantité d'énergie obtenue se calcule en multipliant la masse qui disparaît par la vitesse de la lumière élevée au carré. La vitesse de la lumière valant 299 792 458 m/s, une fois élevée au carré, elle donne le coefficient formidable de 89 875 517 873 681 764. Autrement dit, un gramme de matière est équivalent à 89 875 517 873 681,764 joules, soit autant d'énergie que celle que dégage la combustion de 1900 tonnes d'essence ! Il est donc facile de comprendre l'intérêt que la maîtrise d'une telle énergie nous apporterait.

Mais comment obtenir de l'énergie à partir de la matière ?

Deux méthodes sont actuellement connues. Elles partent du principe que casser des atomes s'ils sont "gros", l'uranium 235 par exemple, ou fusionner deux "petits" atomes, comme l'hydrogène, aboutit à la formation de divers produits dont la somme des masses est inférieure à la somme de celles des produits ayant contribué à la réaction. Et comme rien ne se perd, rien ne se crée, tout se transforme, selon la formule apocryphe attribuée au célèbre chimiste Antoine Lavoisier, la masse perdue a pris la forme d'une énergie, la chaleur en l'occurrence.

La technologie qui consiste à casser de gros atomes est communément appelée la fission nucléaire. Celle d'en faire fusionner porte le nom de fusion nucléaire. Seule la première technique est actuellement exploitée industriellement dans nos centrales, quelle que soit leur type (réacteurs à eau pressurisée, réacteurs à eau lourde, réacteurs à eau bouillante, réacteurs à neutrons rapides, EPR...). La fusion nucléaire, n'en est pour l'instant qu'au stade du rêve lointain, sauf à l'intérieur du

Soleil, et des étoiles en général, où elle est naturellement à l'origine de leur rayonnement.

La fission nucléaire

Comme dit précédemment, la fission nucléaire consiste à partir d'un "gros" atome et de le casser. Simple sur le principe, la mise en œuvre est particulièrement complexe.

Mais commençons par examiner ce qui peut être considéré comme les avantages de la fission nucléaire.

La fission nucléaire permet de produire de grandes quantités d'électricité de manière centralisée

Effectivement, les centrales nucléaires exploitant la fission nucléaire sont capables de produire beaucoup d'énergie sur une surface relativement limitée. Aucune autre technologie n'est capable de rivaliser sur ce point.

Cet avantage doit toutefois être relativisé, car produire beaucoup d'électricité en un point donné signifie devoir la distribuer jusqu'à de nombreux consommateurs. Et comme nous l'avons déjà vu pour l'énergie solaire, ce transport conduit à des pertes bien plus importantes que lorsque point de production et point de distribution sont proches. Toutefois, dans le cas de la fission nucléaire, les distances sont bien moindres et le défi technique est donc plus à notre portée.

La fission nucléaire émet peu de gaz à effet de serre

L'atout d'émettre beaucoup moins de gaz à effets de serre que les énergies fossiles, voire que les énergies renouvelables, est celui qui est régulièrement mis en avant pour justifier que l'énergie nucléaire est **LA** solution au réchauffement climatique. Mais cet argument n'est pourtant pas aussi tranchant que certains voudrait bien le laisser croire.

Tout d'abord, le calcul du nombre de kilogrammes de CO_2 émis par kWh produit est sujet à caution. Il est censé mesurer les quantités de gaz à effet de serre que l'exploitation, au sens large, de la source d'énergie émet, et de la diviser par la quantité d'énergie produite. Or l'exploitation d'une source d'énergie peut se découper en trois phases, au maximum.

La première est celle de la construction des installations destinées à convertir le "combustible" en électricité, qui va forcément nécessiter la consommation d'énergie, pour l'élaboration des matériaux de construction, leur transport jusqu'au lieu de production, puis leur assemblage.

La deuxième est celle nécessaire à l'extraction du "combustible" et à son transport jusqu'à l'installation qui va l'utiliser. Je mets des guillemets autour du terme de "combustible" car il n'est pas adapté à toutes les sources d'énergie. Il l'est parfaitement pour les énergies fossiles, déjà beaucoup moins pour l'énergie nucléaire, car même s'il y a consommation d'une ressource, l'uranium en l'occurrence, la réaction qui conduit au dégagement de l'énergie n'a rien d'une combustion, et absolument pas du tout pour les énergie renouvelables telles que l'éolien ou le solaire. Je continuerais cependant de l'utiliser par commodité. Ces deux étapes peuvent avoir un impact sur la quantité de gaz à effet de serre produite par la technologie utilisée car elles vont nécessiter la consommation d'énergie.

Enfin, la troisième étape est la consommation en elle même du "combustible".

La première étape, celle de la construction des installations de production, existe quelle que soit la source d'énergie utilisée. La deuxième n'existe que pour celles qui utilisent du "combustible", c'est-à-dire toutes sauf les renouvelables en règle générale car le vent ou le rayonnement solaire atteignent les installations de production sans la moindre intervention humaine. La troisième ne concerne que les énergies fossiles.

Si l'énergie utilisée pour la construction des installations et l'extraction du "combustible" est une énergie n'émettant pas de gaz à effet de serre, la contribution des deux étapes au cumul de leurs émissions est nulle. Et si la transformation du "combustible" n'émet pas non plus de gaz à effet de serre, la filière complète peut n'émettre aucun gaz à effet de serre. Ce pourra donc être le cas des énergies renouvelables et du nucléaire lorsque nous utiliserons un mix énergétique totalement décarboné.

Seules les énergies fossiles ne peuvent pas éliminer totalement leurs émissions de gaz à effet de serre, et donc seule la comparaison entre l'énergie nucléaire et les énergies fossiles est valable du point de vue de l'émission des gaz à effet de serre. Les énergies renouvelables font quant à elles, jeu égal, du moins en théorie pour le moment puisque nous n'en sommes pas encore à pouvoir afficher ce scénario idéal.

La difficulté du calcul des valeurs d'émission de CO_2 par kWh apparaît lorsque nous comparons les différentes estimations publiées. Des variations importantes peuvent en effet être constatées, comme le montrent les deux exemples ci-dessous ou l'écart sur l'énergie hydraulique est quasiment du simple au double!

Mais, malgré ces valeurs parfois très différentes, reconnaissons toutefois que l'énergie nucléaire reste très bien placée de ce point de vue en l'état actuel des choses. Elle conserve systématiquement son leadership sur ce point, comme le montre les tableaux de la page suivante.

Combustible	Émission de CO2
Centrale à nucléaire	6 gCO2e/kWh (France)*
Éolien (en mer)	9 gCO2e/kWh
Éolien (en terre)	10 gCO2e/kWh
Hydraulique	10 gCO2e/kWh
Biomasse (déchets de bois avec turbine à vapeur)	32 gCO2e/kWh
Géothermie	38 gCO2e/kWh
Électricité (chauffage)	210 gCO2e/kWh
Gaz naturel	443 gCO2e/kWh
Pile à combustible	664 gCO2e/kWh

Combustible	Émission de CO2
Centrale fioul-vapeur	730 gCO2e/kWh
Pétrole lourd	778 gCO2e/kWh
Centrale à charbon	1 058 gCO2e/kWh

Source : https://www.economiedenergie.fr/les-emissions-de-co2-par-energie/

Combustible	Émission de CO2
Centrale à nucléaire	6 gCO2e/kWh
Hydraulique	6 gCO2e/kWh
Éolien	7 gCO2e/kWh
Géothermie	45 gCO2e/kWh
Photovoltaïque	55 gCO2e/kWh
Gaz	418 gCO2e/kWh
Fioul	730 gCO2e/kWh
Charbon	1060 gCO2e/kWh

Source : https://www.equilibredesenergies.org/12-10-2018-le-contenu-en-co2-du-kwh/

En revanche, dans le scénario idéal que je considère qu'il nous faudrait viser, c'est à dire ne faisant appel qu'à des sources d'énergies totalement décarbonées, l'argument perd de sa consistance pour la comparaison avec les énergies renouvelables. L'argument est donc beaucoup plus relatif qu'il pourrait sembler à première vue.

L'indépendance énergétique

L'atout que la fission nucléaire nous apporterait l'indépendance énergétique est régulièrement avancé dans les médias, dans les français tout du moins. Mais quels arguments pourraient justifier une telle affirmation ?

A ma connaissance, il est uniquement basé sur un raisonnement qui, s'il peut être considéré comme parfaitement valable à la base, ne reste que théorique. En effet, puisque l'énergie nucléaire est produite grâce à la désintégration d'atomes radioactifs, réaction qui produit, en plus de l'énergie récupérée, d'autres atomes radioactifs, pourquoi ne pas poursuivre l'expérience et recycler ces nouveaux atomes radioactifs ?

Donc si nous étions capable d'augmenter, pour un coût raisonnable, la vitesse de désintégration de tout atome radioactif, comme nous pouvons le faire avec l'uranium 235, ce que nous appelons actuellement des déchets se transformeraient instantanément en combustible à part entière. Produire en cascade de l'électricité à partir de déchets serait un véritable miracle technologique !

A partir de cette éventualité théorique, l'industrie nucléaire a construit le mythe de l'indépendance énergétique, les déchets devenant du combustible, qui génère alors des déchets, qui redeviennent du combustible, et ainsi de suite sans qu'il soit besoin d'injecter du combustible "neuf" en provenance de mines, d'où l'indépendance.

Or il y a deux raisons qui font que ce mécanisme n'est qu'un mythe : la première est que ce cycle n'a encore jamais été mis en œuvre. Et il n'est vraiment pas sûr qu'il puisse l'être un jour. Ensuite, ce cycle vertueux, puisqu'il mettrait fin à l'extraction minière polluante de l'uranium, conduirait à la disparition du problème des déchets nucléaires et, cerise sur le gâteau, permettrait la production d'une énergie conséquente, n'est pas infini. Il arriverait en effet plus ou moins rapidement, selon la longueur de la cascade de désintégration nucléaire, que les déchets finalement produits soient des matières stables, donc incapables de générer de l'énergie par fission nucléaire. Il faudrait donc repartir de l'uranium.

Mais alors peut-être que les ressources en uranium sont suffisamment importantes sur le sol national pour justifier un autre type d'indépendance énergétique ? Dans le cas particulier de la France, ou cet argument est pourtant régulièrement martelé, la réponse est non. EDF, l'entreprise qui a la charge d'exploiter les centrales françaises, est la première à le dire. Vous pouvez en juger par vous même en suivant le lien suivant : https://www.edf.fr/groupe-edf/espaces-dedies/l-energie-de-a-a-z/tout-sur-l-energie/produire-de-l-electricite/l-uranium-le-combustible-nucleaire).

Si l'uranium que nous utilisons n'est pas extrait en France, d'ou provient-il ? Notre principal fournisseur est le Kazakhstan, avec 30 %. Viennent ensuite la Namibie (29%), Le Niger (26%) et l'Australie (13%). Les deux pourcents restant se répartissant sur plusieurs autres pays. Ces pourcentages sont tirés du site https://www.connaissancedesenergies.org/questions-et-reponses-energies/dou-vient-luranium-naturel-importe-en-france. A noter que la société française Orano, qui exploitait une mine au Niger, s'est vue expropriée suite au coup d'état de la junte militaire en 2024.

Au niveau mondial, les réserves ne sont pas non plus énormes. L'uranium 235 nous assure une couverture pour environ 90 ans avec les technologies actuelles, durée qui pourrait être allongée jusqu'à quelques siècles si la filière de la surgénération devenait maîtrisée (jusqu'à présent, toutes les tentatives de mise en œuvre de la surgénération, ou presque, ont été abandonnées). Cette filière permettrait d'utiliser l'uranium 238 qui est bien plus abondant que l'uranium 235 (l'uranium naturel contient 99,3 % d'uranium 238 et 0,7 % d'uranium 238). Le Thorium 232 pourrait aussi être un "combustible" utilisable. Il permettrait de tenir environ 270 ans.

Enfin, les prévisions actuelles de production et de consommation d'uranium montrent qu'une pénurie est à envisager aux alentours de l'année 2040. Elle provoquera inévitablement l'augmentation des prix, qui renchérira le prix de l'électricité.

Nous voyons donc que l'argument de l'indépendance énergétique est tout sauf valable.

Bon marché, l'électricité nucléaire ?

La fission nucléaire aurait un autre avantage écrasant, celui de permettre la production d'électricité à un coût défiant toute concurrence. En effet, le message que l'électricité nucléaire serait bon marché en comparaison avec celle produite par d'autres voies, les renouvelables en particulier, s'invite régulièrement dans les médias.

S'il est vrai qu'en France, ou la production d'électricité est à 75% d'origine nucléaire, le prix de l'électricité payé directement par le consommateur, environ 0,18€/kWh, est inférieur au prix moyen constaté dans les autres pays européens (0,211€/kWh), la France n'est pas le pays européen ou le prix du kWh est le moins élevé, comme le montre le tableau ci-dessous :

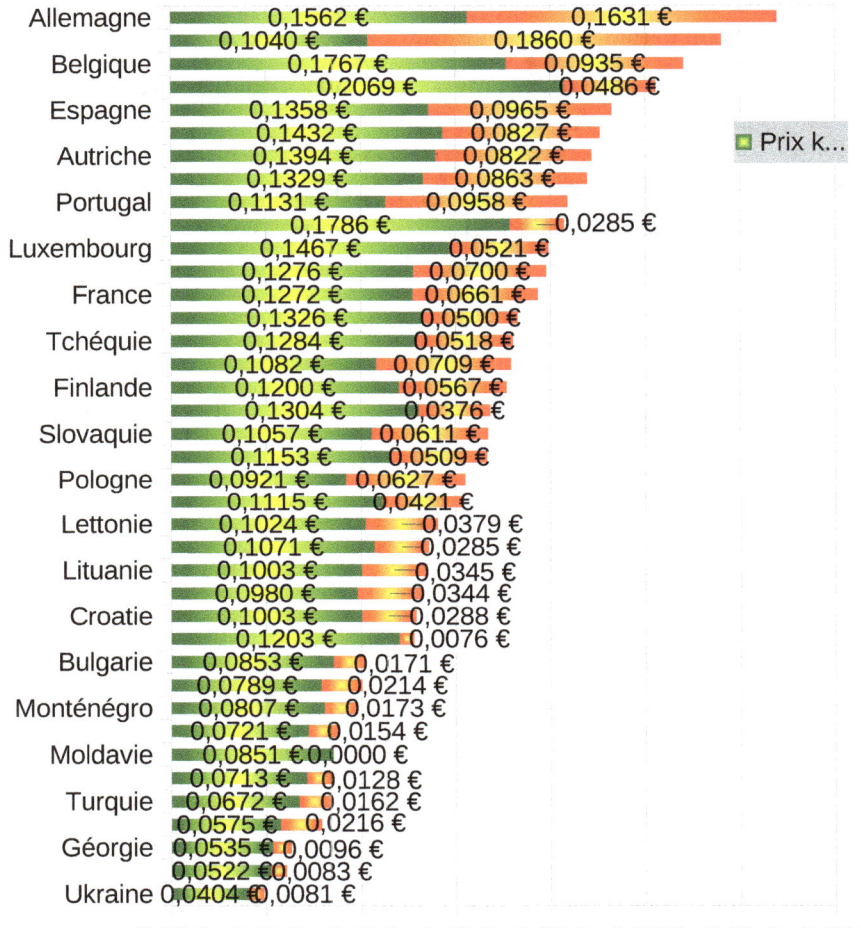

Source : https://ec.europa.eu/eurostat/fr/web/energy/data/database

En plus, le prix de l'électricité Française ne fait qu'augmenter, alors même qu'il est évidemment difficile d'incriminer l'augmentation du prix du gaz naturel puisqu'il n'est pas à l'origine de sa production !

La forte proportion de nucléaire dans la production française ne protège pas non plus des hausses. Si nous comparons l'augmentation constatée entre 2007 et 2021, le pourcentage d'augmentation du prix du kWh a été quasiment le même en France et en Allemagne, pays pourtant largement citée comme LE mauvais élève en matière de politique vis-à-vis de l'énergie nucléaire. Pour information, il s'est élevé à 58,4 % pour l'Allemagne (de 0,2105€ TC au second semestre de 2007 à 0,3193€ TC au premier semestre 2021) et de 58,2 % pour la France (0,1222€ TC à 0,1933€ TC). Source Eurostat.

D'où proviennent donc ces augmentations et quelles sont les perspectives ?

La première question que l'on peut légitimement se poser est de savoir si le prix payé par le consommateur est le juste prix. Et bien il existe de nombreuses raisons de penser que non.

A l'origine, le nucléaire a d'abord été une affaire de militaires. Le budget de la défense a donc largement participé au financement des études et à la montée en compétences de nos chercheurs et ingénieurs. Évidemment, le consommateur a bien payé pour cela, mais bien plus, pour ne pas dire exclusivement, au travers de sa feuille d'impôt que de sa facture EDF.

Ensuite, les provisions faites pour le démantèlement de nos vieilles centrales est visiblement insuffisant, notamment selon l'avis de la cour des comptes. Il faudra donc encore trouver de l'argent, ce qui induira forcément de nouvelles hausses.

Et puis, si l'électricité nucléaire était aussi rentable que cela, comment expliquer que les finances d'EDF soient autant dans le rouge ? La dette de la société était en effet de 42 milliards d'euros à mi 2020, et ce alors même qu'elle possède une majorité de centrales en fin de vie, donc forcément amorties d'un point de vue comptable.

Un autre élément laisse fortement penser que tout n'est pas pris en compte dans le prix de l'électricité d'origine nucléaire avec l'exemple de l'EPR. Celui-ci nous éclaire sur les financements d'état.

Il n'échappera à personne qu'aucune entreprise privée ne serait capable de lancer quatre projets d'un montant exorbitant, environ 3,5 milliards d'euros chacun, et surtout supporter les surcoûts monstrueux qu'ils engendrent, tout en ne profitant d'aucun bénéfice d'exploitation. Seul un état, l'état Français en l'occurrence, est capable de tenir à bout de bras une telle situation, qui se traduit inévitablement soit par la constitution d'une dette colossale, soit par des financements plus ou moins visibles depuis les caisses de l'état, soit les deux.

En ce qui concerne les financements plus ou moins visibles de la part de l'état Français, nous pouvons par exemple supposer qu'il y en a eu un avec le "dédommagement" dont EDF a bénéficié suite à la fermeture de la centrale de Fessenheim. Celui-ci avait pour but la réparation du préjudice de perte d'exploitation future de la centrale qui aurait, selon EDF pu encore fonctionner pendant quelques années encore. Nous étions donc face à une décision purement politique d'arrêt, qui justifiait donc le versement d'une indemnité. Mais était-ce bien le cas ?

Il y a de quoi en douter. Ancienne, localisée sur une faille sismique, puisant l'eau de son refroidissement dans un canal dont le niveau est situé 8 m plus haut, la centrale de Fessenheim cumulait déjà les handicaps au moment de sa construction. Au niveau de son exploitation, de nombreuses anomalies conduisaient régulièrement à la réduction de sa productivité.

Son taux de charge est passé de 81 % en 2015 à 53 % en 2016 puis à 36,1 % en 2017 (source : https://www.greenpeace.fr/5-raisons-lesquelles-fessenheim-fermer-rapidement/). En plus, EDF n'avait pas réalisé l'ensemble des travaux que réclamait l'ASN pour autoriser l'exploitation au-delà de 40 ans :

- Le radier, gigantesque "cendrier" destiné à recueillir le cœur en fusion et éviter sa sortie de la centrale en cas d'accident majeur, n'a pas pu être renforcé suffisamment (son épaisseur d'origine était de 1,5m, et elle n'a pu être portée qu'à 2m).
- Aucune nouvelle étude visant à réévaluer le risque sismique n'a non plus été faite.
- Quant aux diesels d'ultime secours destinés produire de l'électricité en cas de panne du secteur pour permettre à la centrale de continuer à être refroidie et d'ainsi rester en sécurité, ils n'ont pas été installés...(source : https://www.sortirdunucleaire.org/Fermeture-de-Fessenheim-en-finir-avec-les-idees).

Donc si la centrale ne pouvait plus être exploitée avec le niveau minimum de sécurité demandé, comment aurait-elle pu continuer de fonctionner ? Et si elle ne le pouvait pas, de quelle perte d'exploitation parlait-on ?

Forte de ce constant, l'association "Sortir du nucléaire" a porté plainte au niveau européen. Elle a été débouté, non pas parce que ces arguments n'étaient pas jugés valables, mais au motif qu'elle n'était pas une partie intéressée, comme vous pouvez le vérifier sur le document que vous pourrez trouver à l'adresse "https://www.sortirdunucleaire.org/IMG/pdf/reponsece230120.pdf". Quand on connaît l'étendue de la zone géographique touchée par les conséquences d'une catastrophe nucléaire, nous ne pouvons que nous étonner de voir qu'une association d'habitants puisse être considérée comme "non concernée" !

Une autre excellente raison justifiant l'augmentation constatée du prix de l'électricité et permettant de prédire que d'autres suivront, est que les accidents majeurs qui ont frappé certaines centrales ont fait prendre conscience aux décideurs que ces machines merveilleuses que sont les centrales nucléaires ne sont finalement pas aussi parfaites qu'imaginé jusque là. Des opérations de renforcement de la sécurité se sont multipliées, augmentant considérablement les coûts liés à cette énergie. En France, l'opération "grand carénage", dont les réflexions ont débuté en 2008 et dont les actions ne sont pas encore toutes mises en œuvre, est maintenant estimé à près de 50 milliards d'euros.

La génération EPR n'est pas non plus sans impact. Comme dit précédemment, cette filière a vu des dépassements de budget pharaoniques, et ce n'est pas fini. Rappelons que sur les 6 réacteurs engagés, Taishan en Chine, Olkiluoto en Finlande, Flamanville en France et Hinckley Point en Angleterre dernièrement, tous ont conduit à des dépassements de budget. L'information que celui de Taishan, seul à avoir déjà fait l'objet d'une mise en service, rencontre des problèmes de fuites radioactives, même si la transparence affichée ne nous permet pas d'avoir des certitudes sur leur origine, n'est pas de nature à nous rassurer d'une part sur la sécurité de ces centrales, ni sur les surcoûts de fiabilisation/sécurisation qui risquent encore de nous tomber dessus.

La fission nucléaire serait parfaitement maîtrisée, et ce serait même, en France, un fleuron technologique

Un autre argument fréquemment avancé en France est que la filière nucléaire est un fleuron technologique que le monde nous envie. Le fait qu'il soit de notoriété publique qu'heureusement aucun accident d'un niveau aussi important que celui de Tchernobyl ou de Fukushima ne s'est encore produit en France peut paraître rassurant. Mais sommes-nous vraiment totalement à l'abri pour autant ?

Pour moi, la réponse est clairement non. Tout d'abord, comme vous pourrez le voir dans le paragraphe consacré aux accidents nucléaires, nous sommes passés à plusieurs reprises près de la correctionnelle. A Saint Laurent des Eaux, par deux fois, puis au Blayais le 27 décembre 1999 avec une submersion heureusement limitée causée par une tempête. Pas très rassurant !

D'autres éléments vont dans le sens d'un manque de maîtrise. Le premier d'entre-eux apparaît lorsque les centrales arrivent à la fin de leur vie, et qu'il faut les démanteler. Plusieurs pays se sont attaqués à cette tâche, et depuis des années. Le constat est accablant.

Tout d'abord, l'âge des centrales à démanteler, plus de 40 ans, fait qu'aucun personnel ayant participé à sa construction n'est encore en mesure d'apporter sa connaissance des lieux. Ensuite, il s'agit de conduire des opérations lourdes, dans des environnements parfois exigus, et avec un taux de radioactivité qui peut être très élevé par endroits, ce qui cumule les difficultés.

La durée prévue pour le démantèlement d'une seule centrale montre à elle seule la difficulté de l'opération. Il faut bien compter au minimum 15 ans, mais 20 à 25 ans semble une durée plus réaliste, lorsque la stratégie choisie est le démantèlement "immédiat" (début des opérations quelques années après la fin de l'exploitation du réacteur). De quoi déjà se faire une première idée du caractère pharaonique que le coût de cette opération va avoir.

Ce coût d'ailleurs, personne ne le connaît précisément. Et il est souvent sous estimé. Au niveau européen, les exploitants provisionnent en général entre 900 et 1300 millions d'euros par réacteur à démanteler. En France, l'exploitant national, EDF, n'a lui provisionné que 350 millions d'euros... Ces éléments sont issus de l'article paru dans le quotidien l'Obs le 31 janvier 2017 suite à la parution d'un rapport parlementaire. Il est consultable à l'adresse "https://www.nouvelobs.com/planete/20170131.OBS4665/demanteler-les-centrales-nucleaires-un-cout-atomique.html".

Un autre acteur de la vie publique française confirme cette sous estimation régulière des coûts liés au démantèlement des réacteurs. Il s'agit de la cour des Comptes, organisme chargé de s'assurer que l'argent public est dépensé à bon escient et que les citoyens en soient informés.

Dans son rapport "L'arrêt et le démantèlement des installations nucléaires" publié en février 2020, elle met en évidence le constant surenchérissement de l'évaluation du coût des travaux. Celle réalisée en 2014 montre en effet une augmentation de plus de 22 % par rapport à celle estimée deux ans plus tôt. L'augmentation était déjà très impressionnante sur une période de temps aussi courte, deux ans, mais ce n'était qu'un début. Sur la période suivante, de 2014 à 2018, l'augmentation constatée a été de plus de 96 %!

Et ne parlons pas des centrales nucléaires de première génération, les "graphite-gaz", dont le démantèlement s'annonce comme encore plus compliqué et donc coûteux.

Notre compétence limitée s'exprime encore de toute sa force dans le cas de l'EPR (Evolutionary Power Reactor). Les multiples dépassements, qu'il soient financiers ou calendaires, montrent que nos compétences techniques sont malheureusement largement insuffisantes pour qualifier l'industrie nucléaire française de "fleuron". Ces réacteurs de troisième génération sont supposés améliorer la sécurité de fonctionnement des centrales et améliorer leurs performances énergétiques, mais les difficultés rencontrées lors leurs constructions peuvent laisser perplexe.

A l'heure actuelle, sept réacteurs ont été mis en chantier. Le premier l'a été en Finlande, à Olkiluoto, en 2005. A suivi le démarrage d'un nouveau réacteur en France, à Flamanville, en 2007. Deux autres ont démarré en Chine, à Taishan, dont la construction a commencé respectivement en 2009 et 2010. Enfin, en Angleterre, un premier projet a été lancé à Hinkley Point, en 2016, qui comprend la réalisation de deux réacteurs puis, et dernièrement deux autres réacteurs à Sizewell en 2025. Ou en sont maintenant ces projets ? Prenons-les dans l'ordre chronologique.

Olkiluoto donc. le réacteur est maintenant en service depuis l'année 2022. Un beau retard puisque, d'après le planning initial, elle aurait dû être mise en route en 2009...

Du point de vue financier, la facture de ce projet initialement estimé à 3 milliards d'euros, devrait frôler les 10 milliards selon l'article paru le 11 décembre 2020 dans le périodique "Le Point" et consultable à l'adresse "https://www.lepoint.fr/economie/finlande-les-malheurs-d-areva-devraient-couter-tres-cher-a-l-etat-11-12-2020-2405272_28.php".

Passons maintenant à celui de Flamanville. Pas mieux, pourrait-on dire, car il n'est lui non plus pas encore vraiment en service. Si la montée à 100 % de sa puissance a bien eu lieu en décembre 2025, la centrale devra bientôt être arrêtée pour une période de maintenance qui va durer un an. Quand les pronucléaires accusent les énergies renouvelables d'être intermittentes...

Au niveau financier, le même constat d'une dérive à la hausse peut être fait, mais dans des proportions encore plus importantes. Au départ, il était prévu que sa construction coûte un peu plus que celle du réacteur d'Olkiluoto puisque la facture était estimée à 3,4 milliards d'euros. Treize ans plus tard, en 2020, la Cour des Comptes estime que le projet coûtera 19,1 milliards d'euros ! Et finalement, en 2025, l'estimation de la cour des comptes est de 23,1 milliards d'euros !

Venons-en maintenant aux réacteurs chinois. Ce sont les premiers à avoir été mis en service. Le premier l'a été en 2018 et le second en 2019. Là aussi, les délais ont sérieusement dérivé, puisque la durée totale de construction était initialement estimée à environ 4 ans et demi. Le retard accumulé est cependant bien moins important que ceux constatés sur les réacteurs cités précédemment.

Comment l'expliquer ? Une des raisons est probablement que la Chine ayant régulièrement construit des centrales nucléaires dans les deux dernières décennies, les compétences étaient déjà bien plus présentes qu'elles pouvaient l'être en France par exemple. Nous pouvons aussi supposer que les autorités chinoises sont un peu moins regardantes sur les conditions de sécurité, même si aucune preuve flagrante ne peut venir appuyer cette supposition sur un sujet qui ne brille pas particulièrement par sa transparence et avec un régime politique dont ce n'est pas non plus la qualité première. Mais restons optimistes et laissons leur le bénéfice du doute en supposant que la construction a été correctement réalisée.

Au niveau des coûts, la facture s'est aussi alourdit, mais ici encore bien moins qu'ailleurs. Un dépassement de "seulement" 60 % du budget initialement prévu est constaté.

Enfin, passons au dernier en date : celui d'Hinkley Point. Alors même que les autres projets menés par EDF continuent de piétiner, EDF se lance dans cette nouvelle aventure. Financièrement, elle est assez risquée. EDF doit en effet supporter les coûts de la construction, en contrepartie desquels il vendra l'électricité au prix fixe de 105€/MWh. Ce prix plutôt élevé doit lui assurer une certaine rentabilité, selon les estimations faites à l'époque et qui ont conduit à la décision de lancer le projet.

Or, nous l'avons vu, les projets d'EPR ont systématiquement conduit à des dépassements de budget très importants. Au final, il y a fort à craindre que la rentabilité pour EDF ne soit pas aussi importante que prévue, voire qu'elle soit négative... Certains, au sein même de l'entreprise, ont d'ailleurs peut être eu cette crainte, puisque la signature de ce contrat a provoqué la démission du directeur financier de l'époque. Vous pouvez vous faire une bonne idée des raisons qui l'ont poussé à cela en regardant son audition par le sénat à l'adresse suivante https://videos.senat.fr/video.4404754_65de065d71bc6.ce-electricite—audition-de-l-ancien-directeur-financier-d-edf?timecode=341000.

Enfin, la sécurité des centrales, pourtant tant vantée, ne nous protège pas de tous les dangers. Les multiples accidents qui se sont déjà produits, dont les plus importants que j'ai évoqué précédemment ne sont que la partie émergée de l'iceberg, sont là pour nous le rappeler.

Au chapitre des risques non maîtrisés, nous pouvons aussi évoquer les impasses qui ont pu être faites, que ce soit suite à un calcul de probabilité "démontrant" que le risque était minime, donc négligeable, ou par méconnaissance de la complexité des mécanismes physico-chimiques qui se déroulent au sein d'une centrale nucléaire.

Pour les impasses issues des calculs, la plus importante concerne le risque de fusion du cœur du réacteur. Mais en préambule, interrogeons nous sur comment sont menés ces calculs.

Dans le calcul de la probabilité d'occurrence d'un événement dans un système donné, la première chose à faire est de déterminer un modèle mathématique du phénomène à analyser. Dans l'idéal, ce modèle doit parfaitement correspondre à l'original et reproduire fidèlement l'ensemble des comportements observés sur l'original. Malheureusement ce n'est pas un objectif facile à atteindre, encore moins lorsqu'il s'agit de modéliser le comportement complet et surtout extrêmement complexe d'une centrale nucléaire. Sans compter qu'il faut aussi ajouter à ces modèles l'ensemble des interactions pouvant se produire avec l'environnement, et prendre en compte la possibilité de l'erreur humaine. Ce dernier élément a une importance qu'il est difficile d'ignorer puisque, à l'évidence, il possède une probabilité d'occurrence plutôt élevée, mais il est extrêmement difficile, voire impossible, de le modéliser finement. Le modèle finalement retenu reste donc toujours imparfait et très approximatif.

Ensuite, ce modèle, doit être alimenté par des données. L'idéal est que celles-ci soient fournies par des études scientifiques portant sur de nombreuses mesures, pour que les valeurs obtenues et leurs incertitudes soient parfaitement connues. Mais ce n'est pas toujours le cas, surtout dans le nucléaire ou chaque centrale est quasiment un prototype. Des approximations sont donc nécessaires, compromettant encore un peu plus la confiance que nous pouvons avoir dans les résultats bruts que les calculs donneront.

Je précise que je ne mets pas ici en cause la compétence des personnes qui ont conduit ces calculs de probabilité. La validité mathématique des calculs qu'ils ont mené est plus que certainement irréprochable. Les modélisations et leur alimentation en données ont aussi probablement été menées avec la plus grande rigueur scientifique. J'ajoute juste un léger doute, car pour de fervents défenseurs de la cause nucléaire qu'ils étaient certainement, la tentation "d'ajuster" les paramètres injectés dans le modèle pour dévier le résultat dans la direction qui favorise leur conviction peut parfois être forte, que ce soit de manière consciente ou inconsciente.

Si nous en venons maintenant aux résultats proprement dits de ces calculs théoriques, ils donnaient une probabilité d'occurrence d'une fusion du réacteur inférieure à une pour 100 000 années de fonctionnement d'un réacteur. Pour illustrer plus clairement ce chiffre, si le parc mondial de centrales nucléaires comportait 100 réacteurs et qu'ils fonctionnaient 7 jours sur 7, 24 heures sur 24, tout au long de l'année, il ne se produirait qu'un accident de ce type en 1000 ans.

La probabilité que cette fusion du cœur conduise à un important relâchement de radioactivité dans l'environnement devait être encore dix fois plus faible (source : article publié le 3 juin 2011 dans le périodique "Libération" consultable à l'adresse "https://www.liberation.fr/france/2011/06/03/accident-nucleaire-une-certitude-statistique_740208/"). Or les accidents de Tchernobyl et de Fukushima sont bruyamment venus relativiser le résultat de ces calculs...

Un exemple montrant que ces calculs peuvent mener à des impasses concerne le système de refroidissement des centrales. Lorsque celui-ci s'arrête, que ce soit suite à une panne électrique comme à Fukushima, ou suite à la disparition de l'élément refroidissant, l'eau en provenance d'une rivière ou de l'océan, la chaleur émise par le cœur de la centrale provoque inévitablement sa fusion, avec les conséquences que nous avons déjà pu voir.

Pour l'alimentation électrique, il est possible de prévoir des groupes électrogènes et de les installer dans des "bunkers", en leur assurant un ravitaillement suffisant en carburant et en air frais pour tenir jusqu'à ce que la réparation "définitive" soit terminée. Il est donc relativement facile de tout prévoir à l'avance.

Pour l'alimentation en eau, le problème est plus compliqué. On ne remplace pas comme cela la quantité d'eau que peut fournir un fleuve et encore moins un océan, surtout si l'indisponibilité dure longtemps. Ce risque de la disparition subite n'est pas aussi absurde qu'il serait possible de le penser à première vue. Évidemment, les océans ne se vident pas, ni les fleuves ne se tarissent, en quelques heures. Mais prenons le cas de la centrale de Fessenheim maintenant fermée. Son alimentation en eau était assurée par le canal qui passait juste à côté. Or le niveau de celui-ci se situe 8m au dessus de la centrale. Si jamais la digue qui le canalise était venue à céder, la quantité d'eau disponible aurait été très fortement réduite en très peu de temps et pour une durée plutôt longue correspondant au temps nécessaire pour que la réparation de la digue soit effectuée.

Si la centrale est proche de l'océan, vous me direz qu'il est impossible de manquer d'eau. A première vue, oui, en effet, mais trois "anecdotes" nous laissent penser que la rupture d'approvisionnement est possible. Tout d'abord le 20 janvier 2021 à la centrale de Paluel. Alors que la FARN, Force d'Action Rapide du Nucléaire, fait son show devant un parterre de journaliste pour démontrer sa grande efficacité, un banc de sardines a l'idée saugrenue d'entrer dans le conduit d'aspiration de l'eau de mer destinée à refroidir la centrale. Cela conduit à l'arrêtcomplet des quatre réacteurs. Voir l'article https://journaldelenergie.com/nucleaire/nucleaire-poissons-presse-doivent-pas-croiser/ pour d'autres détails croustillants. Ensuite, après les sardines, ce sont les méduses qui se sont invitées à la fête. D'abord à la centrale de Gravelines, les 10 et 11 aout 2025, provoquant là aussi l'arrêt des quatre réacteurs, puis à Paluel encore, le 3 septembre, ou un des trois réacteurs qui étaient en fonctionnement a dû être arrêté et la puissance d'un deuxième réduite. Plus de détail ici : https://www.usine-nouvelle.com/article/nucleaire-des-meduses-entrainent-l-arret-partiel-de-la-centrale-de-paluel.N2237122

La solution palliative consiste là aussi à prévoir une alimentation de secours, soit avec la mise en place d'un réservoir, soit en prévoyant des puits de pompage dans la nappe phréatique. Sous dimensionnées pour permettre le fonctionnement à plein régime d'un réacteur, ces installations doivent néanmoins permettre de refroidir suffisamment un réacteur mis à l'arrêt.

Quand ces mesures ont-elles été mises en application en France ? Et bien très récemment !

La mise en place des générateurs d'électricité d'ultime secours n'a été engagée en France qu'après l'accident de Fukushima, qui a montré que ce type de cause d'accident majeur était loin de n'être que théorique. Il aura donc fallu près de 60 ans d'exploitation de l'énergie nucléaire pour que cette sécurité soit mise en œuvre.

La sécurisation de la source froide n'a, quant à elle, commencé à être mise en place, en France encore, qu'à partir de 2009. Les calculs de probabilité avaient jusqu'à présent montré que le risque était négligeable, comme indiqué dans cet article de l'IRSN ("https://www.irsn.fr/FR/connaissances/Installations_nucleaires/Les-centrales-nucleaires/source-froide-pompage-refroidissement/Pages/sommaire.aspx#.YP7eQEA6-Ul").

L'ensemble des risques seraient-ils maintenant traités et pourrions-nous donc désormais dormir sur nos deux oreilles ? La réponse est clairement non, car en plus des probables autres sources de problème identifiées toujours considérées comme négligeables, d'autres ne sont probablement tout bonnement pas prises en compte. L'actualité récente nous en a montré un, l'envahissement du système de refroidissement par des sardines ou des méduses, aussi improbable qu'amusant, ce que nous pouvons heureusement dire puisqu'il n'a pas eu de conséquences trop fâcheuses.

L'énergie nucléaire : sa non exploitation détruirait de nombreux emplois

Toujours dans l'optique de l'impact économique fort apporté par l'exploitation de l'énergie nucléaire, de nombreux emplois seraient menacés si nous arrêtions cette filière.

D'après ce que nous pouvons lire à l'adresse "https://www.orano.group/fr/decodage/emploi-dans-le-nucleaire", l'industrie nucléaire emploie directement et indirectement environ 220 000 personnes. Si nous comparons avec l'emploi induit par l'exploitation des énergies renouvelables, la balance penche favorablement en faveur de l'énergie nucléaire sur ce point, du moins pour l'instant. Car si nous prenons pour argent comptant l'étude menée pour la région des Hauts de

France (https://www.bioeconomie-hautsdefrance.fr/wp-content/uploads/2020/05/etude-emploi-rev3-2018.pdf), l'emploi direct et indirect concernerait 13 540 personnes en 2020 et devrait concerner 31 565 personnes en 2050. Extrapolé à la France entière, qui compte 18 régions, environ 243 000 personnes seraient actuellement employées dans ce secteur et plus de 500 000 devraient l'être en 2050.

Ces projections étant réalisées de manière très approximative, car simplement en multipliant les chiffres donnés pour une région par le nombre de régions françaises, il est difficile de conclure que les énergies renouvelables induiront finalement plus d'emploi que le nucléaire ne le fait actuellement. Mais il n'est pas irréaliste de penser que le match est, a minima, assez équilibré.

	2015	2020	2025	2030	2040	2050
éolien terrestre	2 406	4 541	4 997	2 458	1 455	1 398
éolien maritime	0	1 417	321	303	581	559
EMR	0	0	0	0	186	178
PV sol	9	309	329	353	622	690
PV grandes toitures	41	337	350	1 331	1 950	3 080
PV petites toitures	16	143	132	517	725	1 156
CESI	434	433	704	683	877	920
CESC	206	627	472	513	1 077	1 016
PAC géothermiques	226	221	888	991	1 068	1 497
PAC aérothermiques	1 587	1 693	3 065	3 802	3 687	4 839
CET	291	347	469	637	911	1 156
Bois ménages	1 550	1 758	2 220	2 600	2 956	3 356
Bois collectif	508	739	611	511	530	252
Production H_2 par électrolyse	0	0	0	0	0	0
Biogaz cogénération	254	537	546	1 331	1 124	449
Biogaz injection	132	437	939	2 667	6 319	11 020
Total	**7 660**	**13 540**	**16 043**	**18 696**	**24 068**	**31 565**
Scénario tendanciel	7 660	7 810	7 970	8 130	8 460	8 810

Tableau 17. Emplois totaux liés au développement des ENR (scénario de base)

Source : https://www.bioeconomie-hautsdefrance.fr/wp-content/uploads/2020/05/etude-emploi-rev3-2018.pdf

Une étude plus récente de la SFEN, accessible à l'adresse https://www.sfen.org/app/uploads/2021/11/Avis-emploi.pdf montre en page 18 que l'emploi dans l'énergtie nucléaire pourrrait ne représenter plus que 12 % du total des emplois directement liés à la production d'énergie en 2050.

L'argument qui voudrait que l'énergie nucléaire nous amènerait plus d'emplois que toute autre source d'énergie est donc violemment balayé.

L'énergie nucléaire, une source d'énergie mature ?

Souvent, les énergies renouvelables sont accusées de ne pas être matures, et qu'il est donc inenvisageable de les utiliser dans un jour proche pour subvenir à l'ensemble de nos besoins énergétiques. Mais il faut bien admettre que l'énergie nucléaire ne l'est pas non plus !

Actuellement, la consommation mondiale d'énergie finale s'élève à près de 13,5 milliards de tonnes équivalent pétrole. La part de l'électricité est relativement faible, puisqu'elle n'est que d'environ 1,9 milliards de TEP, soit environ 14 % de notre consommation totale d'énergie primaire (source : https://www.edf.fr/groupe-edf/espaces-dedies/l-energie-de-a-a-z/tout-sur-l-energie/l-electricite-au-quotidien/la-consommation-d-electricite-en-chiffres).

Dans cette production mondiale d'électricité, la part de l'énergie nucléaire reste faible elle aussi. Elle n'en représente en effet que 10,2 % selon le site "https://www.connaissancedesenergies.org/fiche-pedagogique/parc-nucleaire-mondial-production-delectricite".

Le graphique ci-dessous montre la proportion des différentes source d'énergie contribuant à la production de l'électricité dans les pays du G20 :

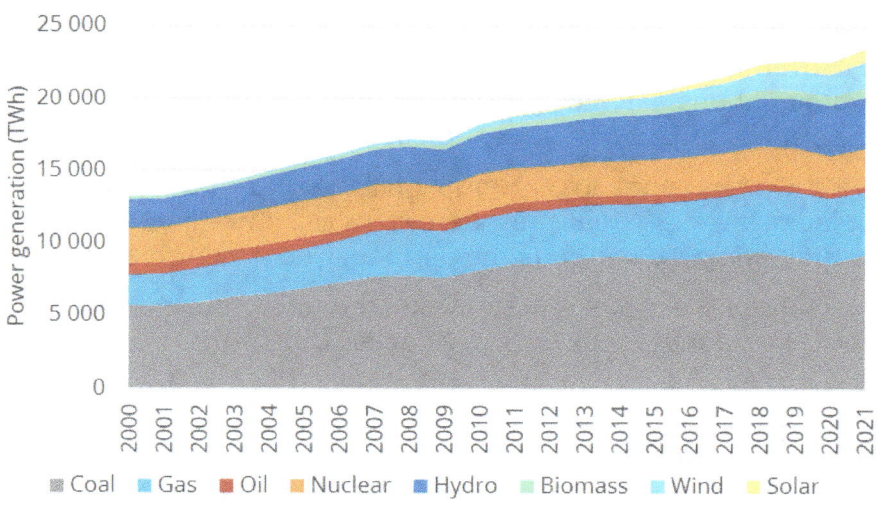

Source : Enerdata

Pratiquement 60 % de l'électricité produite l'est donc grâce aux énergies fossiles. Si nous voulions vraiment éliminer tout recours à ces énergies fossiles grâce au nucléaire, le nombre de centrales devrait être multiplié par 7 rien que pour couvrir nos besoins en électricité. Et si nous voulions recourir au nucléaire pour remplacer les usages qui sont aujourd'hui majoritairement non électriques, comme le chauffage ou le transport, le facteur multiplicatif devrait atteindre quasiment 43 !

Dans l'hypothèse favorable ou nous serions en capacité technique de construire toutes ces centrales supplémentaires, imaginons vers quoi nous pourrions aller en termes d'accidents majeurs.

Depuis la mise en service de la première centrale nucléaire, c'est à dire en 60 ans d'exploitation, nous avons subit deux accidents majeurs avec le nombre actuel de centrales, voire moins puisque le parc actuellement en service a été démarré progressivement. Pour simplifier le calcul, partons du principe que nous avons exploité le nombre de centrales actuellement en service sur la totalité de ces 60 ans. Cette hypothèse conduira à une sous estimation du nombre d'accidents que nous allons calculer puisque le nombre d'accidents constatés sera rapporté à une utilisation surestimée des centrales.

Donc si nous avons eu jusqu'à présent deux accidents majeurs, avec 43 fois plus de centrales, nous pouvons estimer qu'il pourrait, sur la même période, s'en produire environ 86 !

Je laisse à l'imagination du lecteur le soin de se faire une idée de quel paradis la Terre deviendrait alors.

Maintenant que nous avons fait le tour des "avantages" de la fission nucléaire, examinons ses défauts.

La disponibilité du "combustible"

A l'heure actuelle, le combustible utilisé à la base est l'uranium 235 est disponible en quantité limitée. En plus, aucun mécanisme naturel ne peut venir reconstituer ce stock. La fission nucléaire n'est donc ni durable ni renouvelable.

Avec les réserves actuellement identifiées, il semble difficile d'exploiter cette énergie sur plus de 400 ans, ce qui est peu relativement à l'horizon que nous nous sommes fixés de la fin de la vie de la Terre.

La production de déchets nucléaires et leur "traitement"

La production d'électricité grâce à la fission nucléaire, comme toute production réalisée par consommation d'un combustible, produit des déchets. Ceux de la filière nucléaire ont l'inconvénient supplémentaire d'être radioactifs. Ils sont constitués d'atomes instables, dont l'évolution naturelle continuent de provoquer leur transformation jusqu'à ce que le (ou les) matériau(x) obtenu(s) soi(en)t stable(s). Lors de ce processus, qui est appelé la cascade de désintégration, ils continuent de dégager de la chaleur et des rayonnements ionisants, dont l'impact sur les êtres vivants est dévastateur.

Il existe plusieurs catégories de déchets nucléaires, de ceux à activité faible et vie courte à ceux à activité forte et vie longue.

Période radioactive* / Activité**	Vie très courte (VTC) (période < 100 jours)	Principalement vie courte (VC) (période ≤ 31 ans)	Principalement vie longue (VL) (période > 31 ans)
Très faible activité (TFA) < 100 Bq/g		TFA — Stockage de surface (Centre industriel de regroupement, d'entreposage et de stockage)	
Faible activité (FA) entre quelques centaines de Bq/g et un million de Bq/g	VTC — Gestion par décroissance radioactive	FMA-VC — Stockage de surface (centres de stockage de l'Aube et de la Manche)	FA-VL — Stockage à faible profondeur à l'étude
Moyenne activité (MA) de l'ordre d'un million à un milliard de Bq/g			MA-VL — Stockage géologique profond en projet (projet Cigéo)
Haute activité (HA) de l'ordre de plusieurs milliards de Bq/g	Non applicable		HA

*Période radioactive des éléments radioactifs (radionucléides) contenus dans les déchets
**Niveau d'activité des déchets radioactifs

Un déchet peut parfois être classé dans une catégorie définie mais être géré dans une autre filière de gestion du fait d'autres caractéristiques (par exemple sa composition chimique ou ses propriétés physiques).

Source : https://inventaire.andra.fr/les-matieres-et-dechets-radioactifs/classification-des-dechets-radioactifs-et-filieres-de-gestion

En quantité, la partie des déchets que l'on peut qualifier de primaires, c'est à dire ceux qui sont générés directement par la fission des atomes d'uranium, ne représentent pas un volume exceptionnellement important. La formidable énergie que libère la fission des atomes d'uranium fait que les quantités que nous utilisons restent limitées. Comme les déchets produits ne peuvent pas être beaucoup plus volumineux que le combustible que nous injectons, leur volume reste donc forcément limité lui aussi.

A ces déchets primaires s'ajoutent les déchets induits par la réaction de fission. Celle-ci provoque l'émission de rayonnements ionisants qui altèrent les matériaux de construction utilisés dans les centrales, jusqu'à les rendre radioactifs.

Bien que la quantité de déchets produits soit relativement faible, leur gestion reste problématique. En effet, contrairement aux déchets générés par d'autres technologies, ils ne sont pas inertes mais restent radioactifs pendant une durée extrêmement longue si on la compare au cycle de vie de l'espèce humaine.

Que faire donc de ces déchets ? Le terme généralement employé pour leur gestion est "retraitement". Mais en quoi cela consiste-t-il ?

Tout d'abord, il est possible de noter une première contradiction. Nous venons de dire que la quantité de déchets produits est relativement faible en volume. Rien de comparable en effet avec le volume de cendres qu'engendrerait la combustion de la quantité de charbon qui produirait la même énergie. Mais alors pourquoi le problème n'est-il encore pas résolu ?

Nous allons faire un petit rappel de physique pour commencer. N'ayez crainte, je vais en rester au stade macroscopique, quitte à faire des approximations qui feraient s'arracher les cheveux à un spécialiste de la physique quantique.

Dans la nature, comme nous l'avons vu au début de ce livre, tous les éléments chimiques existants, le fer, le carbone, l'oxygène... sont constitués d'atomes, qui représentent la plus petite partie possible de cet élément. Celui-ci est constitué d'un noyau, comprenant un nombre variable de protons et de neutrons, deux particules élémentaires, autour duquel "tournent" des électrons. Cette description s'appelle le modèle planétaire de l'atome, ou un parallèle peut être fait entre le système solaire et l'atome : le noyau correspond au soleil et les électrons qui tournent autour de lui sont les planètes. Ce modèle, bien que largement dépassé par nos connaissances scientifiques actuelles, reste néanmoins suffisant pour le reste de l'explication.

Selon le nombre de protons et de neutrons qui composent le noyau d'un atome, celui-ci est plus ou moins stable. Autrement dit, il est capable de rester tel quel plus ou moins longtemps.

Pour les éléments radioactifs, la durée de stabilité est relativement courte. Lorsque les conditions sont réunies pour que l'assemblage des protons et neutrons du noyau n'arrive plus à maintenir une cohésion suffisante pour que le noyau reste intact, celui se sépare en plusieurs sous ensembles. On dit qu'il se désintègre.

Le premier sous ensemble, le plus gros, constituera le noyau de l'atome de l'élément obtenu. Selon le nombre de protons et de neutrons qu'il lui restera après transformation, sa nature sera différente. Le deuxième, nettement plus petit, peut prendre plusieurs formes selon le type de désintégration qui se produit. Sans entrer dans le détail, selon le contenu de l'ensemble des particules émises par le noyau, on distingue les désintégrations de type Alpha, Bêta -, Bêta +, Epsilon et celles consistant en l'émission directe de protons, de neutrons ou de photons.

Le nouvel élément obtenu peut être stable, ou non. S'il ne l'est pas, une nouvelle désintégration se déroulera un peu plus tard, et ainsi de suite jusqu'à ce que l'atome obtenu soit stable. A titre d'exemple, le plomb est un des produits stables des chaînes de désintégration de l'uranium, de l'actinium et du thorium.

Mais à quelle vitesse se produisent ces désintégrations ? La réponse est qu'elle est extrêmement variable d'un élément chimique à un autre. En plus, la vitesse de désintégration par radioactivité possède une caractéristique a priori étonnante. Prenons l'exemple d'un élément chimique imaginaire et radioactif et que nous en possédons un kilogramme. Au bout de dix ans, nous constatons qu'il n'en reste plus que cinq cent grammes, les autres cinq cents grammes s'étant transformés en un autre élément chimique stable. A priori, nous pourrions penser que dix ans plus tard, il ne nous restera plus du tout d'élément radioactif. Et bien non ! S'il a fallu dix ans pour faire "disparaître" la moitié de l'élément dont nous disposions au départ, il faudra encore dix ans pour perdre la moitié de ce qui nous reste. Autrement dit, au bout de vingt ans, il nous restera encore un quart, soit deux cent cinquante grammes, de notre produit de départ.

Voila donc pourquoi lorsque nous évoquons la durée de vie d'un élément radioactif, nous parlons de demie-vie. Celle-ci représente la durée au bout de laquelle, quelle que soit la quantité de produit dont nous disposons au départ, il ne nous en restera plus que la moitié. Le raccourci qui consisterait à confondre cette demie-vie avec la durée effective de présence des éléments radioactifs ne peut et ne doit donc surtout pas être fait.

Si nous voulons faire disparaître les déchets radioactifs, il faut donc trouver un moyen d'accélérer le processus de désintégration, pour n'obtenir le plus rapidement possible que des éléments stables et non radioactifs. Jusqu'à présent, nous n'avons trouvé qu'une façon partielle d'y parvenir. En effet, la réaction que nous provoquons dans nos centrales nucléaires consiste justement à précipiter la désintégration des atomes d'uranium. A l'état naturel, l'uranium ne se détruit en effet que très lentement, puisque sa demie-vie est d'environ 4,5 milliards d'années. Si nous en restions à cette vitesse naturelle de désintégration, nos centrales ne produiraient que très peu d'énergie... Cette méthode, appliquée à l'uranium, ne réduit pas la quantité de déchets radioactifs puisque, au contraire, elle en produit. Et malheureusement, nous ne savons pas reproduire le phénomène avec les produits obtenus jusqu'à ce qu'il ne reste plus que des atomes non radioactifs.

Maintenant que le constat que nous ne connaissons aucun moyen physico-chimique capable de faire disparaître les déchets radioactifs instantanément, ou au moins dans un délai "raisonnable", est fait, il nous faut donc apprendre à vivre avec eux sur le très long terme, c'est à dire sur au moins plusieurs dizaines de milliers, voire de millions d'années, ce qui n'est évidemment pas simple.

Comme je l'ai dit plus haut, les déchets produits ne sont pas inertes. Leur radioactivité résiduelle, qui reste très forte pour les déchets à haute activité, a plusieurs conséquences.

La première est qu'ils sont extrêmement dangereux pour la vie en général. A cause des rayonnements ionisants qu'ils émettent, ils peuvent endommager grandement les tissus vivants. Ils doivent donc en être éloignés le plus possible.

La seconde est qu'ils continuent de produire de la chaleur, de la même façon qu'ils le faisaient lorsqu'ils étaient dans le cœur des centrales. La chaleur produite est importante, comme le montre le fait que le combustible usagé, une fois extrait du cœur du réacteur, doit être stocké dans des piscines de refroidissement pendant une durée de trois ans. Au delà de cette période, la chaleur dégagée redevient "raisonnable", mais elle continue d'être importante.

La troisième est que les réactions de fission qui continuent de se produire génèrent des rayonnements ionisants qui, s'ils sont capables de détruire la vie, peuvent aussi à plus ou moins long terme contribuer à la destruction des contenants dans lesquels ils sont stockés.

Enfin, ces réactions de fission produisent de l'hydrogène. Ce gaz, s'il n'est pas dangereux en lui-même, peut provoquer de formidables explosions lorsqu'il est mélangé avec de l'oxygène. L'oxygène étant présent à hauteur d'environ 20 % dans la composition de l'air que nous respirons, la probabilité d'occurrence qu'un mélange hydrogène–oxygène se forme en quantité importante et dans des proportions propices à ce qu'une explosion puisse se produire est loin d'être négligeable.

Donc s'il nous est impossible de faire disparaître la radioactivité, il faut que nous la stockions quelque part. Il s'agit d'un défi qui comporte deux volets.

D'un côté, nous avons les déchets de faible activité mais qui sont en quantité importante. De l'autre, nous avons des déchets à forte activité, bien moins volumineux, mais posant un défi majeur sur le long terme. Je rappelle qu'il faut ici parler en dizaines de milliers d'années, période bien plus longue que celle durant laquelle une civilisation humaine a réussi à se maintenir, et donc encore beaucoup plus longue que celle pendant laquelle elle a réussi à maîtriser un processus dangereux. Sans parler du fait qu'aucune technologie déjà utilisée par l'humanité n'a présenté autant de risques majeurs pour sa survie.

Pour les déchets à faible activité, deux solutions sont mises en pratique. La première est le stockage simple. Sur une zone rendue imperméable, des conteneurs remplis de ces matières radioactives s'entassent, en attendant simplement que le temps passe et fasse son effet. La deuxième est celle envisagée dans le projet de "techno-centre" de Fessenheim, qui est censé "traiter" les matières premières métalliques contaminées issues du démantèlement des centrales. Bien que ses caractéristiques futures restent encore floues, nous pouvons schématiquement dire que le principe est de diluer ces matières métalliques contaminées avec une quantité suffisante d'autres métaux non contaminés, par fusion.

Dans le principe, même si une partie des contaminants des déchets métalliques pourra être extraite grâce à la fusion du métal et la concentration des particules radioactives qu'elle provoque dans la partie que l'on appelle le "laitier", le métal qui sortira du centre ne sera pas exempt de radioactivité. Sa commercialisation provoquera donc une dissémination de la radioactivité, sans qu'aucune traçabilité ne soit mise en place pour en suivre les éventuels impacts sur la santé publique. Sans compter que les éléments radioactifs qui se seront concentrés dans le laitier devront être traités avec précaution car ils passeront de déchets à faible activité à déchets à forte activité du fait de la concentration des produits radioactifs présents initialement dans la "matière première" de l'usine. Cette quantité de déchets "ultimes" est estimée à 15 %.

Il y a ensuite le cas des déchets à forte activité et vie longue. Le défi est ici d'une autre ampleur, et le stockage est la seule solution envisageable actuellement. En France, celui-ci à principalement lieu dans l'usine de retraitement de la Hague. Malheureusement, sa limite de capacité est quasiment atteinte. Il faut donc trouver d'autres lieux de stockage sûrs et surtout plus durables qu'un simple bâtiment, même si les règles de construction de l'usine appliquées ont certainement été beaucoup plus strictes que celles utilisées pour la construction d'un simple hangar de stockage.

Si l'on en croit l'industrie nucléaire, LA solution est maintenant trouvée. Elle consiste en l'enfouissement en profondeur, dans des roches imperméables et stables sur le long terme. En France le projet CIGEO à Bure, est en cours d'étude. Que prévoit-il ?

Son objectif est d'éliminer sur le long terme les conséquences sur la vie en général et sur la vie humaine en particulier de la radioactivité extrême encore émise par les déchets à haute activité et ceux d'activité moyenne et vie longue (jusqu'à 2 millions d'année). L'autre objectif est de ne pas laisser aux générations futures le soin de payer pour la gestion des déchets que nous aurons produit pour notre seul intérêt.

Il est facile de mesurer l'ampleur du défi que cela représente à partir de la durée de l'étude de faisabilité menée par l'ANDRA, qui planche sur le sujet depuis le début des années 1990. En 2006, la solution de l'enfouissement profond a finalement été validée comme celle présentant le moins de risque. Son étude se poursuit toujours depuis cette date malgré le recours à une centaine de chercheurs s'appuyant sur des partenaires du monde entier (voir le lien https://www.andra.fr/cigeo).

L'enfouissement est-il vraiment la meilleure solution pour le stockage de ces déchets ? Oui, probablement, à partir du moment ou il ne nous est pas possible, comme dit plus haut, de réduire la radioactivité des déchets par transmutation. Mais cette réponse est faite plutôt par défaut. Car de quelle(s) autre(s) alternative(s) pourrions nous disposer ? Ou pourrions-nous stocker ailleurs ces déchets en minimisant leur impact sur la vie terrestre ? L'espace pourrait être une alternative, mais le chemin pour y aller reste encore particulièrement périlleux, ce qui n'est bien évidemment absolument pas compatible avec le transport de matières extrêmement dangereuses.

Mais le stockage profond est-il absolument sûr pour autant ? Évidemment non ! D'abord parce que nous n'avons aucune expérience dans le domaine pour les déchets à haute activité. Selon le site "https://www.irsn.fr/dechets/dechets-radioactifs/Pages/stockage-international.aspx", aux Etats-Unis, le site de Yucca Mountain est à l'étude depuis 2008, mais le projet semble aujourd'hui à l'arrêt. En Finlande, à Onkalo, une expérimentation devait commencer, avec une mise en service entre 2020 et 2025. Nous sommes en 2026 et aucune décision définitve n'a encore été prise. En Suède, le site d'Osthammar a été retenu en 2009, et la demande d'autorisation de stockage a été émise en 2011, pour une mise en service prévue là aussi entre 2020 et 2025. Aujourd'hui, cette mise en service a été repoussée à 2030. Force est donc de constater que ces projets n'avancent guère, probablement parce que des incertitudes lourdes persistent.

Nous avons par contre une expérience avec les déchets moins radioactifs, et elle n'est pas très rassurante ! En Allemagne, les déchets ont commencé à être stockés dans des mines de sel. Celle d'Asse, en Basse-Saxe à partir de 1967, puis celle de Morsleben, en 1971. Le stockage dans des couches de sel était alors annoncé comme la panacée, puisqu'une couche de sel a la particularité d'auto-colmater les fissures qui peuvent apparaître en son sein suite à des mouvements de terrain. Malheureusement, tout n'a visiblement pas été prévue. Après quelques années d'exploitation, la mine a commencé à s'effondrer... Son exploitation a donc été arrêtée en 1978, et en 2013 il a été décidé de retirer les déchets et de les transporter dans une autre mine, de fer cette fois-ci.

Pour en revenir au projet CIGEO, ce qu'il prévoit est l'enfouissement profond, c'est à dire à une profondeur de 500m, dans une couche géologique apparemment stable d'argile. Il devrait être capable de stocker 10 000m^3 de déchets à haute activité (HA) et 75 000m^3 de déchets de moyenne activité à vie longue (MA/VL).

Quand à sa durée d'activité, il faut en distinguer deux. La première, celle largement affichée, est d'une centaine d'année. Elle correspond à la durée pendant laquelle le site restera ouvert pour accueillir de nouveaux déchets. Elle nous permettra aussi de revenir en arrière si jamais un ou des problème(s) non anticipé(s) apparaîssai(en)t, comme ce fût le cas dans la mine Allemande d'Asse. La deuxième durée d'activité est celle au bout de laquelle les déchets entreposés ne présenteront plus de dangers pour la vie terrestre. Et là, c'est en millions d'années qu'il faudra compter ! Difficile alors de tout prévoir, et de garantir qu'aucun phénomène naturel de mouvement des sols ne viendra perturber notre beau plan.

Un risque pour la vie en général

La radioactivité résiduelle des déchets est un danger pour les molécules du vivant, qu'un rayonnement ionisant émis par une particule radioactive peut endommager. Les conséquences sont particulièrement inquiétantes si la molécule touchée est de l'ADN, qui est le support de notre hérédité. Les altérations de cette molécule peuvent avoir des effets délétères, principalement en induisant des cancers et des malformations chez les nouveaux nés dont l'embryon a subi une irradiation. Le pire n'est heureusement jamais sûr, puisque la nature a bien heureusement développé des mécanismes de réparation. Malheureusement, comme il ne sont évidemment pas parfaits, il est indéniable que l'exposition à des rayonnements ionisants augmente le risque d'apparition de ces maladies.

Le caractère probabiliste de l'apparition de nouveaux cancers, associé avec le délai long qui s'écoule généralement entre l'exposition au rayonnement et l'apparition des premiers symptômes, rend difficile la mise en évidence de ce lien. Il a d'ailleurs longtemps été nié. Aujourd'hui, avec le recul, depuis les premiers essais nucléaires réalisés d'abord dans l'atmosphère, puis en souterrain, l'impact sur les populations est finalement apparu évident. L'exemple le plus flagrant est celui du cancer de la thyroïde chez les enfants, dont la prévalence a augmenté que ce soit dans les îles Marshall, soumises aux retombées radioactives des essais nucléaires américains dans l'océan Pacifique, ou à Tchernobyl.

Les risques d'accident

Un autre défaut de l'énergie nucléaire est sa dangerosité sur l'environnement. Car non seulement elle génère des déchets hautement toxiques, même en fonctionnement normal et maîtrisé, mais elle peut aussi gravement dégrader des régions entières en les polluant pour des milliers d'années.

Ce défaut est le pendant de son premier atout. Maîtriser l'énergie phénoménale dégagée dans un volume très contraint par la fission nucléaire est un véritable exploit technologique. Ceux qui ont participé à cette aventure ont dû relever des défis extrêmes, et il n'est bien sûr pas question de remettre leurs compétences en cause ici. Seulement, à grand défis, grand danger ! Et si nous avons le malheur que, pour une raison ou une autre, par maladresse ou pour une raison extérieure totalement indépendante de notre volonté, les choses commencent à mal tourner, la situation peut rapidement devenir incontrôlable et avoir des conséquences effroyables.

Il ne s'agit pas que d'une hypothèse purement théorique. L'histoire nous a malheureusement déjà montré que le risque d'accident majeur n'était pas qu'une vue de l'esprit. Après quelques "échappées belles", si nous pouvons dire, que ce soit à Three Miles Island aux États Unis ou en France avec les centrales de Saint Laurent des Eaux (deux occurrences) et celle du Blayais, les deux accidents majeurs de Tchernobyl en 1986 puis de Fukushima en 2011 ont clairement démontré nos limites lorsque le processus de fission commence à devenir hors de contrôle. Les phénomènes physiques mis en jeu sont en effet tellement puissants qu'ils deviennent rapidement incontrôlables en cas d'emballement de la réaction de fission.

Que s'est-il donc passé lors de ces accidents ?

Dans l'ordre chronologique, le premier accident à la centrale française de Saint Laurent des Eaux arrive en tête. Le 17 octobre 1969, lors des opérations de chargement du cœur, une mauvaise manipulation provoque la fission de 50kg d'uranium. Aucune explosion du type de celle de Tchernobyl ne s'est heureusement produite, mais l'accident a produit des rejets dans l'atmosphère et environ 500 personnes ont dû intervenir, au péril de leur vie, au plus près de la zone dangereuse pour la nettoyer et éviter que la situation ne dégénère encore plus.

Ironie du sort, le 13 mars 1980, le circuit de refroidissement de cette même centrale est obstrué par un morceau de tôle. 20kg d'uranium entrent cette fois-ci en fusion.

Pour ceux qui voudraient d'avantage d'information sur ces deux accidents, je conseille la lecture de l'article intitulé "Le jour ou la France a frôlé le pire" publié dans le journal "Le Point" le 22 mars 2011. Il peut être consulté à l'adresse "https://www.lepoint.fr/societe/le-jour-ou-la-france-a-frole-le-pire-22-03-2011-1316269_23.php".

Entre-temps, le 23 mars 1979, la centrale de Three Miles Island, aux États-Unis, a provoqué quelques sueurs froides. Suite à une série de défaillance de matériels et à la mauvaise compréhension des indications et des alarmes que pouvaient afficher les panneaux de contrôle, de mauvaises décisions ont été prises, aggravant le problème. Heureusement, la situation est redevenue sous contrôle après quelques jours, et malgré des rejets radioactifs dans l'atmosphère, à hauteur de 370PBq selon le site "https://fr.wikipedia.org/wiki/Accident_nuclé*mkgaire_de_Three_Mile_Island"), la population n'aurait pas souffert de cet accident finalement maîtrisé.

Après ce que nous pourrions qualifier de "presque accidents", notre chance a un peu tourné. C'était pour la première fois le 26 avril 1986, dans la ville Ukrainienne de Prypiat.

Contrairement aux accidents précédents, ou le maintien de l'intégrité du bâtiment abritant le cœur du réacteur a permis de limiter les rejets radioactifs dans l'environnement, une formidable explosion l'a fait voler en éclat. Cela a libéré d'énormes quantités de produits radioactifs, et a laissé le cœur ou la réaction de fission se poursuivait à ciel ouvert.

Les soviétiques ont fait ce qu'ils ont pu pour limiter les dégâts. Mais face à une telle force, nous sommes tous démunis. Comme le dit l'ex président du Soviet Suprême Mikaël Gorbachev dans l'interview qui peut être visionné dans le documentaire intitulé "La bataille de Tchernobyl", dont je vous recommande chaudement le visionnage, "Tout le pays était mobilisé. Pas de formalités bureaucratiques. S'il fallait quelque chose, on le prenait. Pas de formalités ! Les histoires de coût, on verrait après... On se servait directement. C'était une situation de front !". Ces quelques phrases suffisent à elle seule à démontrer dans quel état de panique les dirigeants et tous ceux qui étaient au courant de ce qui se passait réellement dans la centrale pouvaient être.

Les conséquences de l'accident de Tchernobyl ont été fortes et ont touché une grande superficie. L'Ukraine et la Biélorussie en ont souffert le plus, mais toute l'Europe a été contaminée par les rejets dans l'atmosphère. En moyenne, les doses ne sont pas forcément énormes. Mais les régions ont été plus ou moins touchés selon la météo qu'il a fait au moment du passage du nuage radioactif. Aux endroits ou il a plu, la concentration de polluants est nettement supérieure à la moyenne.

Mais nous pourrions nous dire que même cet accident majeur n'a finalement fait que peu de dégâts. Les images que nous pouvons voir à la télévision de la ville de Prypiat semblent particulièrement rassurantes. Nous pouvons en effet voir la nature reprendre ses droits, avec une forêt qui pousse naturellement jusque dans les maisons et immeubles abandonnés. Mais tout ceci est malheureusement trompeur. Tout d'abord, si la zone de Tchernobyl ne ressemble pas au "no man's land" que nous pouvons voir dans certains films de science-fiction décrivant le monde post-apocalyptique, un examen plus précis de la faune et de la flore montre que les effets délétères de la radioactivité sont bien présents. Ils se manifestent par des populations moins importantes, particulièrement chez les insectes qui vivent en permanence dans le sol. L'état de santé général des espèces est aussi grandement affecté, comme l'a montré une étude sur la population d'hirondelles, qui pourtant ne vivent pas toute l'année dans la région.

Et puis la catastrophe de Tchernobyl n'est heureusement pas allée au bout de ce qu'elle aurait pu être. Si à Saint Laurent des Eaux, environ 500 personnes ont dû être mobilisées pour assurer le nettoyage de la zone, il a fallu avoir recours à environ 500 000 personnes à Tchernobyl, qui ont été surnommées les "liquidateurs", pour que le pire puisse finalement être évité. Le danger venait du cœur en fusion, appelé le corium, car il traverse plutôt facilement le béton grâce à sa température extrême et son caractère corrosif. Or le contact entre un matériau possédant une température très élevée et une grande réserve d'eau conduit à de formidables explosions. La centrale a amené le matériau extrêmement chaud, et les pompiers, mais aussi la nature ont amené l'eau. La région de Tchernobyl est en effet un immense marécage. Les conditions étaient donc réunies pour que la graduation suivante de l'échelle des catastrophes soit franchie. Par chance, mais aussi et surtout grâce au sacrifice des "liquidateurs", que nous ne serons jamais en mesure de remercier à la hauteur du sacrifice qu'ils ont consenti, le pire a été évité. Sans cela, une bonne partie de l'Europe serait devenue inhabitable ! Encore une fois, je conseille au lecteur de visionner le documentaire intitulé "La bataille de Tchernobyl", car il montre l'enchaînement des événements avec un niveau de détail bien plus précis que ce que j'ai pu faire ici.

Enfin, le 11 mars 2011, c'est au tour de la centrale nucléaire de Fukushima, située sur la côte est du Japon, d'exploser. L'élément déclencheur est cette fois-ci un événement externe. Un tremblement de terre d'une magnitude de 9,1, niveau jamais encore enregistré au Japon, dont l'épicentre se situait au nord est des installations, s'est produit. Suite à la détection des premières secousses sismiques, les systèmes automatiques de contrôle ont bien réagi puisqu'ils ont ordonné l'arrêt des réacteurs. Tout aurait donc pu rester sous contrôle si la vague engendrée par le séisme, appelée tsunami, n'était pas venue recouvrir l'installation en provoquant la perte de son alimentation électrique.

Mais pourquoi cela a-t-il pu se produire ? Les concepteurs n'auraient-ils pas pris en compte le risque sismique dans leurs calculs ?

Cela aurait été bien étonnant dans un pays dont la culture du risque sismique est probablement celle qui est la plus développée au monde. Simplement, l'hypothèse faite au niveau de la magnitude maximale d'un séisme pouvant affecter la centrale a été sous estimée. Ce n'est pas spécialement une erreur, puisque l'histoire, telle que nous la connaissions, semblait montrer que la probabilité d'avoir un séisme d'une magnitude supérieure à celle retenue dans les calculs était faible. Mais nous touchons là à la limite de l'interprétation que nous faisons couramment des résultats des calculs de probabilité : ce n'est pas parce qu'un événement a une probabilité très faible de se produire que s'il se produit un jour, se sera forcément dans très longtemps. Il peut au contraire se produire n'importe quand, même dans les cinq minutes qui suivent !

Ne plus avoir d'alimentation dans une installation désormais à l'arrêt pourrait sembler anodin. Mais pas lorsque nous parlons de fission nucléaire ! Il faut savoir qu'une centrale nucléaire qui vient d'être arrêtée doit obligatoirement continuer d'être refroidie, car son cœur continue de générer beaucoup de chaleur. Si le refroidissement n'est pas assuré, pour une raison ou une autre, les conditions sont réunies pour qu'une fusion du cœur se produise, avec les conséquences que nous avons pu constater à Tchernobyl puis à Fukushima.

Le risque technologique

Maîtriser la production d'électricité en utilisant la fission nucléaire est, comme nous l'avons déjà vu, un défi technologique extrêmement complexe. Cet exploit, l'humanité a pu le réaliser, malgré quelques "accrocs".

Mais il est une chose de maîtriser un procédé lorsque notre économie tourne normalement alors que, même dans ces conditions optimales, il lui arrive quand même régulièrement de nous échapper, c'est une autre paire de manche que de le faire dans des conditions dégradées.

Nous en avons un bel exemple récemment, avec l'apparition de la Covid 19. Rupture d'approvisionnement de pièces de rechanges, réduction du personnel disponible, et baisse de la consommation d'électricité ont fortement perturbé le fonctionnement des centrales (https://www.usinenouvelle.com/article/l-apres-covid-19-du-nucleaire-s-annonce-perilleux-pour-edf.N960231).

Si un événement aussi banal que celui de l'apparition d'un nouveau virus peut avoir un impact aussi significatif que celui-là, que penser des conséquences d'un réchauffement global du climat non maîtrisé ? Malgré les belles ambitions et promesses encore répétées lors de la COP 26, ou encore beaucoup d'annonces nous promettant que tout va être mis en œuvre pour réduire nos émissions de CO_2, il est facile de constater que celles-ci ne font qu'augmenter. Nous sommes donc loin d'être tirés d'affaire.

En lui-même, le réchauffement climatique va provoquer une crise d'une ampleur encore jamais vu par notre société. Augmentation des températures et baisse des précipitations auront inévitablement des conséquences sur les flux migratoires, à un point tel qu'elles seront en mesure de déstabiliser même les économies les plus résistantes. Les conséquences étant potentiellement bien plus importantes que celle de la Covid, la production industrielle en pâtira immanquablement, à un niveau encore jamais vu. Il sera très difficile dans ces conditions de maintenir des centrales nucléaires en fonctionnement en toute sécurité.

Au delà de cet impact sur l'économie, la baisse des précipitations provoquera forcément la baisse du niveau des fleuves et des rivières, baisse qui finira peut-être un jour par devenir trop importante pour permettre un refroidissement des réacteurs. Or nous savons déjà ce qui se passe lorsque nous cessons de refroidir le cœur d'une centrale nucléaire.

Dans ce scénario catastrophe mais néanmoins plausible, aux dégâts engendrés directement par le réchauffement climatique s'ajouterait, dans le meilleur des cas, une baisse très importante de la capacité des parcs nucléaire à produire de l'électricité et dans le pire, quelques autres accidents du type de celui qui s'est produit à Tchernobyl. Pas très engageant !

Le comportement des dirigeants

En plus des inconvénients que l'on peut qualifier de techniques, l'industrie nucléaire souffre historiquement d'un absence de transparence entretenue par tous ses acteurs. Ce constat me fait m'interroger : si tout était aussi beau que certains voudraient bien le faire croire, pourquoi une telle chape de plomb sur le déroulement des opérations dans les centrales ?

La cause première est certainement le lien étroit qui existe entre le nucléaire civil et le nucléaire militaire. Et à ceux qui diraient qu'il n'existe pas, je demanderais pourquoi la communauté internationale met autant de pression sur l'industrie nucléaire civile iranienne.

Dans l'histoire de la contamination nucléaire de la Terre, ce sont les essais nucléaires militaires qui ont ouvert le bal. Avec les essais de bombes nucléaires, dans l'atmosphère d'abord, puis en souterrain, nous avons relâché dans notre environnement une quantité phénoménale de produits radioactifs. Ce sont en effet pas moins de 521 essais dans l'atmosphère et 1883 essais souterrains qui ont été menés par l'ensemble des pays en mesure de mettre au point ces engins de destruction massive (source https://le-cartographe.net/dossiers-carto-91/monde/91-les-essais-nucleaires).

Le nucléaire civil, a contribué à l'augmentation des quantités rejetées, de manière évidente lors des accidents nucléaires, mais aussi lors de leur fonctionnement normal.

La question est de savoir comment nos dirigeants se sont comportés face à cette évidente dissémination de produits extrêmement dangereux pour la vie en général. Force est de constater que leur comportement a été loin d'être exemplaire !

L'histoire nous montre aussi de quelle façon le problème de la contamination radioactive est traitée. En restant dans le domaine civil, si nous prenons l'exemple de Tchernobyl, la laine ou les aliments contaminés n'ont pas été isolés dans un lieu sécurisé, mais ils ont été recyclés par "dilution" dans des matières identiques "saines". L'amalgame résultant présentait alors un niveau de contamination suffisamment faible pour passer en dessous des seuils autorisés, même s'il a parfois fallu les relever un peu pour cela...

Et il ne faut pas croire que cette pratique est réservée à des régimes communistes totalitaires ? L'Europe, suite au refus d'un chargement de blé en provenance de Grèce, a procédé elle aussi à la dilution avec des grains de blé "sains" avant d'exporter le tout vers l'Europe de l'Est et l'Afrique. Plus récemment, le projet de "techno-centre" à Fessenheim a pour but de diluer les matières métalliques contaminées pour "traiter" les déchets issus du démantèlement des centrales.

Cette dilution est particulièrement dangereuse dans le cas de la nourriture. En général, les études sur les effets des rayonnements ionisants ne s'intéresse qu'à la contamination externe. Or la contamination interne, issue de la nourriture ingérée ou de l'air respiré, est beaucoup plus nocive. Selon les éléments chimiques, certains organes sont particulièrement touchés.

Tout le monde connaît l'effet de l'iode radioactif sur la glande Thyroïde, mais il y a aussi le strontium 90, qui se fixe sur les os, le césium 137 et le ruthénium 106 qui se fixent dans la rate et les muscles, le plutonium dans les poumons, le foie et les reins. L'action du rayonnement concentrée dans un organe, donc à proximité immédiate des tissus sensibles, la durée d'exposition qui est longue, font que les dégâts, si peu visibles à court terme, finissent généralement par rattraper le porteur.

Le lecteur qui souhaite en savoir plus sur ce sujet peut se plonger dans le livre "Tchernobyl par la preuve" écrit par Kate Brown.

Conclusion

De par sa très faible émission de gaz à effet de serre, la fission nucléaire est parfaitement adaptée à la lutte contre le changement climatique. Malheureusement, cet aspect très positif est contrebalancé par de nombreux handicaps sérieux. En particulier, miser sur cette source d'énergie léguerait la gestion des déchets aux nombreuses génération futures tout en leur laissant le travail de découvrir une source d'énergie propre. Une attitude que l'on peut facilement qualifier d'égoïste.

La fusion nucléaire

La fusion nucléaire est l'autre façon de produire de l'énergie à partir d'atomes. Elle est, comme la fission, naturellement à l'œuvre puisqu'elle est à l'origine de l'énergie émise par les étoiles en général, et le Soleil en particulier. Au lieu de casser un gros atome comme nous le faisons pour la fission nucléaire, deux noyaux "légers" sont fusionnés pour en obtenir un plus gros. Comme dans le cas de la fission nucléaire, la masse totale des produits de la réaction est inférieure à celle des noyaux d'origine, et la différence est transformée en chaleur que nous convertissons en électricité.

Dans son principe, la fusion nucléaire qui serait envisageable sur Terre consiste à faire fusionner un atome de deutérium et un atome de tritium. Cette réaction permet d'obtenir un neutron, un atome d'hélium, et bien sûr ce que nous cherchons, une quantité importante d'énergie.

Pour que les deux atomes de départ aient une chance d'entrer en collision, il faut que le milieu qu'ils constituent soit dense, extrêmement dense même. Le mélange de gaz doit donc être fortement comprimé. Et pour que les atomes disposent d'une vitesse suffisante pour leur permettre d'entrer en collision avec suffisamment d'énergie pour qu'ils puissent fusionner, la température doit aussi être extrêmement élevée, de l'ordre d'une dizaine de milliards de degrés. Dans de telles conditions de pression et de température, les atomes s'ionisent, c'est à dire qu'ils perdent quelques électrons de leur couche externe. Le milieu ainsi formé correspond au quatrième état de la matière, les trois premiers étant bien connus puisqu'il s'agit des états solide, liquide et gazeux, et que nous appelons le plasma.

Ce "bouillon", composé d'atomes portant une charge électrique positive et d'électrons portant une charge électrique négative, le tout à une température de plusieurs milliards de degrés, ne peut évidemment être contenu par aucun matériau existant. Fort heureusement, comme les particules composant ce plasma sont chargées électriquement, il est possible de les confiner à l'aide d'un champ magnétique. Celui-ci à en effet la particularité de modifier la trajectoire des particules chargées, et avec une configuration adaptée mais néanmoins complexe, il peut permettre de faire en sorte que les déviations obtenues conduisent à un confinement complet. Diverses configurations sont possibles, appelées tokamak, stellarator, sphéromak...

Du carburant pour longtemps

La fusion nucléaire utilise comme "combustible" des isotopes de l'atome d'hydrogène. La réaction chimique qui génère le meilleur rendement est obtenue en faisant interagir un atome de deutérium, contenant un proton et un neutron, avec un atome de tritium, comportant un proton et deux neutrons.

Le deutérium est assez abondant à la surface de la Terre. Chaque mètre cube d'eau de mer en contient environ 32,4g, qu'il est facile de récupérer grâce à une simple électrolyse.

Contrairement au deutérium, le tritium n'est pas naturellement stable. Il se désintègre rapidement, sa demi-vie n'est que de 12,3 ans, en se transmutant en hélium. Il n'est donc présent sur Terre qu'à l'état de traces. Pour qu'une exploitation à grande échelle de l'énergie de fusion nucléaire soit possible, il doit donc être produit artificiellement. La première façon de le produire est déjà en fonctionnement puisque le tritium est un produit de la fission nucléaire à l'œuvre dans les centrales nucléaires actuelles dont nous ne faisons pas grand-chose actuellement, à part le libérer dans la nature. Il est aussi possible de bombarder des atomes de lithium 6 avec des neutrons, ce qui permet d'obtenir des atomes de tritium et des atomes d'hélium.

Attention toutefois à cette dernière source de combustible. Même s'il est probable que les futures batteries se passeront un jour du lithium, détruire cet élément chimique pour produire du tritium nous prive d'une ressource indispensable pour la construction de batteries performantes, qui sont pourtant un élément essentiel de la chaîne d'utilisation de l'électricité.

Abstraction faite de cette problématique, ces deux sources de production de tritium peuvent nous assurer une exploitation de la réaction de fusion nucléaire pendant plus d'un million d'années (source : https://fr.wikipedia.org/wiki/Fusion_nucléaire#Approvisionnement en tritium). Cette durée est importante, mais elle reste ridicule en comparaison de l'espérance de vie de la Terre (près de 4,5 milliards d'année).

Peu de déchets dangereux générés

Contrairement à la fission nucléaire, cette technologie ne produit que peu de déchets. En plus, l'hélium, le produit de la fusion, n'est pas radioactif.

La production de déchets radioactifs n'est cependant pas nulle, car la réaction de fusion libère aussi un neutron qui, puisqu'il est électriquement neutre, ne peut pas rester confiné à l'intérieur du plasma grâce au champ magnétique. Si ce neutron entre en collision avec un atome composant les matériaux qui contiennent le cœur dans lequel a lieu la réaction, l'atome touché peut devenir radioactif. En quantité, ces déchets sont heureusement bien moins importants que ceux générés par la réaction de fission.

Un atout pour le climat

Comme pour la fission, cette production d'électricité ne conduit qu'à de très faibles rejets de CO_2 ou d'autre gaz à effet de serre. Il n'y a en effet qu'au moment de la construction des centrales que cette technologie peut émettre des gaz à effet de serre, émissions qu'il est aussi possible de réduire à zéro si l'énergie utilisée pour la construction a été produite sans en émettre. En fonctionnement, aucun gaz a effet de serre n'est émis, le seul gaz devant être libéré dans l'atmosphère étant le résultat de la fusion, c'est à dire l'hélium. Celui-ci est un gaz totalement inerte qui ne provoque pas d'effet de serre. De plus, du fait de sa légèreté, il finit par fuir de notre atmosphère pour se diriger vers l'espace intersidéral.

La fusion nucléaire, une technologie maîtrisée ?

Nous l'avons vu, maîtriser l'énergie de fusion nécessite de mettre en œuvre des pressions et des températures inconnues à la surface de la Terre. Les défis technologiques sont donc immenses.

A l'heure actuelle, cette technologie est très loin d'être maîtrisée. Toutes les tentatives faites pour générer cette réaction de fusion de manière prolongée et avec un rendement supérieur à 1, c'est-à-dire en faisant en sorte que l'énergie produite soit supérieure à celle nécessaire au maintien de la réaction, se sont soldées par des échecs.

De nouveaux projets sont en gestation, comme le projet ITER fruit de la collaboration de 35 pays, qui doit conduire à la construction d'un prototype dont le premier essai devrait intervenir en 2033 avec un début de production prévu en 2034. Mais surcoûts et dépassement de délais sont malheureusement, comme pour l'EPR, déjà au rendez-vous. Selon le planning initial, il aurait dû être mis en service en 2016, pour un budget de 10 milliards d'euros. Il ne le sera donc au mieux que 16 ans plus tard, pour un coût qui, pour l'instant, a déjà quadruplé (19 milliards d'euros pour 5 estimés en 2006). L'application à l'échelle industrielle n'est donc pas pour demain.

Conclusion

Très séduisante sur le papier, en particulier en comparaison avec la fission nucléaire, la fusion nucléaire est encore loin d'être maîtrisée. Bien qu'elle puisse avoir toute sa place dans notre mix énergétique idéal, il est trop prématuré, comme pour d'autres technologies prometteuses déjà évoquées dans le chapitre sur la récupération de l'énergie hydrolienne, de la considérer comme une candidate totalement crédible.

Quel mix énergétique faut-il donc adopter pour un futur durable ?

Procédons donc à un classement des différentes sources d'énergie que nous avons évoqué jusqu'à présent :

	Renouvelable	Durable
Pétrole, toutes formes	Oui	Non
Gaz, toutes formes	Oui	Non
Charbon	Oui	Non
Bois	Oui	Oui
Tourbe	Oui	Non
Solaire thermique	Oui	Oui
Solaire photovoltaïque	Oui	Oui
Éolien terrestre	Oui	Oui
Éolien off-shore	Oui	Oui
Hydrolien – courants marins	Oui	Oui
Hydrolien - marémotrice	Oui	Oui

Hydrolien – houlomotrice	Oui	Oui
Hydrolien – thermoélectrique	Oui	Oui
Hydrolien – pression osmotique	Oui	Oui
Hydraulique	Oui	Oui
Géothermie	Non	Non
Fission nucléaire	Non	Non
Fusion nucléaire	Non	Non

A terme, seules des énergies durables devraient être utilisées. Un premier filtre consiste donc à ne retenir que les sources suivantes, dans l'ordre de leur apparition dans le tableau :

- le bois ;
- le solaire, thermique et photovoltaïque ;
- l'éolien, terrestre ou off-shore ;
- l'hydrolien ;
- l'hydraulique ;
- la géothermie.

Après l'application de ce premier filtre, les éliminés sont les énergies fossiles au sens large (pétrole, gaz, charbon, tourbe) ce qui, j'en suis persuadé, n'étonnera personne, la géothermie, la fission nucléaire et la fusion nucléaire. Un premier repêchage reste possible.

La situation actuelle, avec le réchauffement climatique dont il n'est plus possible de nier l'origine anthropique, élimine d'office les énergies fossiles. Dans un avenir plus ou moins lointain, rien par contre ne nous interdira de reprendre leur exploitation, par exemple pour lisser les variations du climat que peuvent induire les différents cycles de l'activité solaire. Pourquoi ne pas brûler du pétrole ou du gaz en période glacière, pour compenser la baisse des températures, en s'arrêtant suffisamment tôt pour que la période interglaciaire suivante ne soit pas surchauffée par le CO_2 émis ? Mais pour cela, encore faut-il qu'il en reste à exploiter... Un deuxième argument allant dans le sens de l'arrêt de leur exploitation au plus vite ! Pas de repêchage pour les énergies fossiles donc, au moins dans un premier temps.

La géothermie n'a pas vocation à être exploitée dans toute la mesure de ses possibilités. Par le refroidissement de la Terre qu'elle provoque, elle réduit son espérance de vie, ce qui n'est pas souhaitable. Son exploitation pour produire de l'électricité à grande échelle supposerait aussi de recourir à la géothermie profonde, qui a la fâcheuse tendance de provoquer des séismes qui peuvent être violents et destructeurs. Elle peut quand même être repêchée si nous nous contentons de tirer profit de la géothermie de surface ou de la géothermie à haute énergie dans les endroits ou le flux de chaleur est suffisamment élevé (Islande par exemple).

La fusion nucléaire est potentiellement intéressante. Générant peu de déchets et pouvant théoriquement produire des quantités gigantesques d'énergie de manière entièrement pilotable, elle a beaucoup de côtés séduisants. Malheureusement, l'état d'avancement de la technologie ne permet pas encore de l'envisager comme une candidate crédible. En plus, les réserves de combustibles, bien qu'elles soient plus abondantes que celles de toutes les autres énergies étudiées, hormis les énergies issues du rayonnement solaire pour lesquelles la notion de stock de combustible n'a pas beaucoup de sens, ne nous permettent pas de tenir jusqu'à la fin de vie de la Terre. Si nous l'utilisions à plein, il nous faudrait de toute façon un jour, certes lointain, basculer sur une autre énergie. Alors pourquoi ne pas le faire tout de suite ?

Un autre inconvénient du recours à la fusion nucléaire, qui n'apparaîtra qu'à un horizon encore extrêmement lointain, est que, dans l'état actuel de nos connaissances scientifiques, il s'agit de la seule source d'énergie que pourraient utiliser les éventuels vaisseaux spatiaux que nous devrons un jour construire pour quitter la Terre avant qu'il ne soit trop tard. Il n'y a donc aucune urgence à développer cette technologie, et les crédits qui lui sont affectés seraient utilisés à bien meilleur escient s'ils étaient dirigées vers l'amélioration des techniques de récupération de l'énergie solaire par exemple.

Quant à la fission nucléaire, son avantage principal est de ne pas dégager de CO_2 ni d'autre gaz à effet de serre lors de son fonctionnement. Cette caractéristique pourrait laisser penser qu'il s'agit d'un bon candidat pour une transition énergétique vers un futur durable mais plusieurs défauts viennent sérieusement noircir le tableau. La technologie de la fission nucléaire a les énormes inconvénients suivants :

- elle produit des déchets radioactifs dangereux pour l'environnement et dont nous ne savons pas encore quoi faire ;

- nous avons deux exemples avérés d'incidents nucléaires majeurs (Tchernobyl et Fukushima) mais aussi quelques "échappées belles" (Three Miles Island aux États-Unis en 1979, Saint Laurent des Eaux en France en 1969 et en 1980) qui conduisent à devoir prendre des mesures très coûteuses sur le long terme, qu'elles soient préventives, comme le renforcement de la sécurité des centrales, ou curatives, comme le sarcophage de la centrale de Tchernobyl, qui a coûté 1 milliard d'euros mais qui n'est prévu pour durer que 100 ans, ce qui est notoirement insuffisant... ;

- Le coût du démantèlement des centrales en fin de vie est a minima sous estimé si l'on en croit les expériences de démantèlement menées en France, en Allemagne et aux États-Unis. Pour l'instant, personne n'a encore réussi à en démanteler une complètement, même après plus de 10 ans de travaux ;
- Une centrale nécessite un refroidissement important, sans quoi le cœur risque de fondre et de provoquer son explosion entraînant la dissémination de produits hautement radioactifs dans l'environnement. Ce refroidissement est régulièrement fourni par les eaux d'un fleuve et d'une rivière, dont le débit a tendance à se réduire du fait du réchauffement climatique. Un jour, il risque de devenir insuffisant l'été, avec pour conséquence un nouveau Fukushima.
- Les mesures de sécurité exigées suite aux accidents nucléaires et le coût exorbitant des démantèlements conduisent à un renchérissement du coût du kWh, à tel point que s'il n'est pas déjà supérieur à celui du kWh renouvelable, il le deviendra très rapidement. Ceci probablement même sans prendre en compte le gouffre financier que représente la filière EPR...

Compte-tenu de ces éléments, je conseille bien évidemment de tout faire pour se passer de la fission nucléaire le plus rapidement possible.

Maintenant que les sources d'énergie candidates sont identifiées, il reste à définir dans quelles proportions les utiliser, ce qui n'a rien de trivial. Il n'est d'ailleurs pas certain qu'il soit possible de définir le mix parfait, ou chaque source d'énergie aurait une proportion qui pourrait être qualifiée d'idéale, ou plutôt d'optimale. D'ailleurs, selon quel(s) critère(s) pourrions nous départager les différents mix imaginables ?

Le premier qui me vient à l'esprit est celui de l'impact sur l'environnement. Plus celui-ci sera faible et plus la source d'énergie concernée devrait avoir une proportion d'utilisation élevée.

Le deuxième est celui de la consommation des ressources naturelles. Il est un peu lié au précédent, puisqu'une consommation plus élevée induit généralement un impact plus important sur l'environnement. J'ai précisé "généralement" car si l'extraction des ressources nécessaires pour exploiter une source d'énergie est bien moins polluante que celle nécessaire pour en exploiter une autre, il se peut que la quantité ne soit pas vraiment un désavantage.

Un troisième critère est celui de la pilotabilité. Plus une source d'énergie est pilotable et plus son utilisation est souple, la rendant plus apte à absorber les variations rapides de notre profil de consommation d'énergie.

Une contrainte est aussi à prendre en compte. Il s'agit de la disponibilité de la ressource. Le potentiel de production de chaque source d'énergie étant forcément limité, la proportion d'une énergie en particulier ne pourra évidemment pas dépasser ce maximum.

En corollaire, les proportions dépendront aussi de notre niveau de consommation totale. Si une source d'énergie parfaite existait, son taux d'utilisation serait bien évidemment de 100 % tant que son potentiel maximum ne serait pas totalement exploité. En revanche, il devrait mathématiquement diminuer si nous devions aller au-delà et compléter la couverture de nos besoins énergétiques avec d'autres sources.

Ceci étant posé, une des sources d'énergie retenues suite à l'application du premier filtre se détache-t-elle des autres ? Et bien oui ! C'est l'énergie solaire.

Combinant un faible impact sur l'environnement, un besoin en ressources naturelles limité à des éléments abondamment disponibles, une recyclabilité proche de 100 % et un potentiel énergétique très au-delà de ce que ne seront jamais capable de consommer, l'énergie solaire coche beaucoup de cases. Nous pourrions donc presque la qualifier d'idéale si son exploitation à grande échelle ne se heurtait pas à deux défis importants. Le premier est technique et concerne la distribution de l'électricité produite. La production n'étant pas constante à l'échelle locale, un réseau de distribution "intelligent" et ne provoquant que peu de perte reste à inventer et ensuite à installer. Mais ce défi technique ne semble vraiment pas insurmontable et il n'est donc pas de nature à exclure l'énergie solaire de notre mix idéal. Le deuxième est plus géopolitique. Certains pays recevant plus d'énergie que les autres, des tensions diplomatiques peuvent conduire à des difficultés de distribution de l'énergie par les pays les plus producteurs, comme nous pouvons le constater actuellement avec la production de pétrole et de gaz. Mais si l'espèce humaine se révélait incapable de trouver un accord alors qu'il en va quand même de sa survie, vaudrait-elle vraiment la peine d'être sauvée ? Devant un tel enjeu, il me semble que ce n'est pas être un "bisounours" que d'espérer qu'une solution pourra être trouvée.

Donc oui, nous avons avec l'énergie solaire notre candidate en mesure de répondre à l'ensemble de nos besoins énergétiques. Un premier mix, qui n'en serait plus un du coup, ou la totalité de l'énergie que nous consommerions serait directement d'origine solaire est envisageable. Au besoin, pour ajouter de la souplesse dans la gestion de la distribution de l'électricité et faciliter la transition progressive vers le "tout solaire", le recours à quelques autres sources d'énergies peut être utile.

Parmi celles qui ont passé le premier filtre, l'hydraulique, l'éolien, l'hydrolien, la géothermie et le bois partagent bon nombre des avantages de l'énergie solaire. Et pour cause, puisqu'elles sont toutes, sauf la géothermie autre que celle de surface, une conséquence indirecte de l'énergie solaire.

L'énergie hydraulique dispose de certains avantages qui complètent parfaitement l'énergie solaire. Ceux-ci sont de permettre une production à la demande, pouvant couvrir au moins en partie les périodes de production creuses de l'énergie solaire. Elle permet aussi de stocker le surplus d'énergie produite par le solaire lorsque les conditions lui sont les plus favorables.

L'éolien a aussi son intérêt. Ne présentant pas le caractère intermittent causé par l'alternance du jour et de la nuit, l'éolien peut contribuer à limiter la variabilité de l'énergie renouvelable au cours du temps.

L'hydrolien pourrait compléter le mix en fournissant une source de production plus régulière et prévisible. Je la limiterais simplement à l'exploitation de l'énergie des marées et des vagues. Celle des courants marins, plombée par ses coûts de maintenance et son possible impact sur la circulation thermohaline, ne semble pas une technologie intéressante. Quant à la mise en pratique de la thermoélectricité et de la pression osmotique, il est encore trop tôt pour dire si elle aura un jour un intérêt suffisant pour une utilisation à l'échelle industrielle.

Quant à la géothermie, je la limiterais aux deux technologies que sont la géothermie à haute énergie, mais uniquement dans les zones ou beaucoup de chaleur est disponible en surface ou à faible profondeur, comme dans les zones ou le volcanisme reste très actif, et à la géothermie de surface.

Il reste le cas du bois. Cette source d'énergie dispose d'un potentiel d'autant plus limité que nous utilisons de plus en plus de surface pour nos cultures et nos villes. Une réflexion sur l'aménagement du territoire doit être menée pour que ces utilisations mutuellement exclusives soient gérées de la meilleure façon possible. Nos méthodes d'exploitation actuelles devraient aussi être modifiées, car elles devraient permettre a minima le maintien voire l'amélioration de la qualité des sols exploités et avoir la même influence sur la biodiversité. Le recours à cette énergie ne doit donc pas être interdit, mais son potentiel restera de toute façon plutôt faible.

En conclusion, je dirais qu'à terme, la cible idéale serait le 100 % solaire. Sur le chemin qui nous y mènera, le recours à l'éolien, l'hydraulique, l'hydrolien et la géothermie est indispensable, car en compensant le caractère intermittent de l'énergie solaire, il nous permettra de sortir au plus vite de l'utilisation de la fission nucléaire, bien trop dangereuse et polluante pour continuer d'exister.

Mais selon quel calendrier planifier tous ces changements me demanderez-vous ? Difficile d'être précis, mais une chose est sûre : le plus tôt sera le mieux !

Annexe1 - Glossaire

SI : Système International. Système définissant les unités de mesure de base.

J : joule ; L'unité mesurant l'énergie dans le système international.

W : Watt, l'unité mesurant une puissance dans le système International.

W.h : Watt heure : unité définissant une énergie. Un W.h correspond à 3600J.

TEP : Tonne Équivalent Pétrole. L'énergie que dégage la combustion d'une tonne de pétrole "moyen". En unité SI (Système International), cela représente 41,868 GJ.

Bl : le baril. Unité de mesure de volume qui correspond à 42 gallons américains. Celui-ci correspondant à un peu moins de 3,785 litres, un baril représente un volume légèrement inférieur à 159 litres.

CIS : Commonwealth of Independent States. L'alliance de plusieurs anciennes républiques soviétiques. Les pays membres sont l'Arménie, l'Azerbaïdjan, la Biélorussie, la Géorgie, le Kazakhstan, le Kirghizistan, la Moldavie, la fédération Russe, le Tadjikistan, le Turkménistan, l'Ukraine et l'Ouzbékistan.

Bq : le becquerel. Il s'agit d'une mesure de la radioactivité, qui correspond à la désintégration d'un atome radioactif chaque seconde.

Conversion des températures de Kelvin en degrés Celsius et vice versa :

$$T_{°C} = T_K - 273,15$$
$$T_K = T_{°C} + 273,15$$

Chaque unité de mesure peut évidemment être déclinée en multiples et sous multiples grâce à l'utilisation d'un préfixe. Pour les multiples, ces préfixes sont :

da pour déca. Multiplie l'unité par dix.

h pour hecto. Multiplie l'unité par cent.

k pour kilo. Multiplie l'unité qui la suit par mille. Un kJ vaut donc 1000J.

M pour méga. La multiplie par un million. Un mégawatt vaut donc 1000000W.

G pour Giga. Le facteur multiplicateur est alors de un milliard.

T pour Téra, avec un facteur de mille milliards.

Et pour les sous multiples :

d pour déci. Divise l'unité par dix.

c pour centi. Divise l'unité par cent.

m pour milli. Divise l'unité par mille.

µ pour micro. Divise l'unité par un million.

n pour nano. Divise l'unité par un milliard.

P pour pico. Divise l'unité par mille milliards.

f pour femto. Divise l'unité par un million de milliards.

Table des matières

Préambule..2

Quelques notions importantes...5

   Les définitions..5

      Une énergie renouvelable..5
      Une énergie durable..7
      La "pilotabilité"..10

   Un peu de physique maintenant.....................................11

      Le Système International...11
      L'énergie...12
      La puissance..13
      L'énergie cinétique..13
      L'énergie potentielle...15
      La physique des particules..16

         L'atome...17
         Le proton..18
         L'électron...19
         Le neutron...21

Le charbon...25

   La formation du charbon..25
   Les réserves de charbon..27
   Conclusion..28

Le pétrole et le gaz naturel..30

    La formation du pétrole et du gaz...........................30

    Les stocks de pétrole et de gaz.................................32

    Conclusion..37

Le bois...38

    Le bois, une énergie renouvelable............................38

    Le bois, une énergie durable.....................................38

    Le bois, sans impact sur le réchauffement climatique ?
....39

    Le bois, un faux amis ?..40

    L'énergie "bois" : neutre pour l'environnement ?......41

    Conclusion..43

L'énergie solaire..44

    Les différences techniques d'exploitation de l'énergie solaire...44

        L'exploitation thermique...45

        Le photovoltaïque...47

    L'énergie solaire, disponible partout........................48

    Les réserves d'énergie solaire...................................50

    Un potentiel de croissance élevé..............................51

        L'énergie solaire, une exploitation simple.........................51

    L'énergie solaire permet de lutter contre le réchauffement climatique..52

    L'énergie solaire est intermittente............................53

L'énergie solaire n'est pas pilotable..........................55

Le réseau de distribution d'électricité n'est pas adapté à des échanges longue distance..................................55

Nous ne savons pas stocker l'énergie que nous tirons du Soleil...56

L'énergie solaire nécessite des installations de production "gigantesques"...60

Conclusion...62

L'énergie éolienne..63

L'énergie éolienne est renouvelable et durable..........64

L'énergie éolienne est intermittente...........................64

Les éoliennes ne produisent pas la puissance annoncée..65

L'énergie éolienne : un risque pour le climat ?..........66

L'énergie éolienne est bruyante..................................67

Les éoliennes défigurent le paysage...........................73

Les éoliennes tuent les oiseaux...................................75

Les éoliennes perturbent le bétail..............................77

L'éolien offshore...79

    Les technologies d'éolienne off-shore...................................79
    L'éolien off-shore : un impact négatif sur l'environnement?...85

Le recyclage des éoliennes est polluant.....................87

Conclusion...88

L'énergie hydrolienne..90

- Les usines marémotrices..91
  - La prédictibilité..92
  - Une faible disponibilité de la ressource.........................92
  - Un impact potentiel sur l'avenir de la Terre ?................93
- La récupération de l'énergie des courants marins.....95
  - Un impact significatif sur l'environnement ?..................97
  - Une maintenance compliquée..98
  - Conclusion..99
- L'énergie houlomotrice...99
  - Un impact environnemental ?......................................100
  - Un impact sur les activités nautiques et maritimes ?........101
  - Conclusion..101
- L'énergie thermique..102
- Conclusion..103
- L'énergie générée par la pression osmotique...........104
- Conclusion..105

L'énergie hydraulique..106

- Une production "pilotable"...108
- Une méthode de stockage de l'électricité produite en trop..108
- Un risque pour l'environnement ?..............................109
- Un risque pour les populations ?...............................110
- Conclusion..111

La géothermie..112

- Les différentes méthodes d'exploitation...................115

  La géothermie très basse énergie..........................115
 La géothermie basse énergie..............................116
  La géothermie profonde.................................118
 La géothermie, une énergie propre ?.......................119
 La géothermie, une énergie pilotable et non intermittente...119
 La géothermie, une énergie durable ?......................120
 La géothermie, une énergie renouvelable ?.................121
 La géothermie profonde peut provoquer des tremblements de terre..122
 Est-il donc raisonnable de l'exploiter ?..................122
 Conclusion..124

L'énergie nucléaire..125

 La fission nucléaire......................................127
  La fission nucléaire permet de produire de grandes quantités d'électricité de manière centralisée...................127
  La fission nucléaire émet peu de gaz à effet de serre........128
 L'indépendance énergétique................................132
 Bon marché, l'électricité nucléaire ?.....................135
 La fission nucléaire serait parfaitement maîtrisée, et ce serait même, en France, un fleuron technologique..141
 L'énergie nucléaire : sa non exploitation détruirait de nombreux emplois...150
 L'énergie nucléaire, une source d'énergie mature ?. 152
 La disponibilité du "combustible".........................154

La production de déchets nucléaires et leur "traitement"..155
Un risque pour la vie en général............................165
Les risques d'accident...166
Le risque technologique..171
Le comportement des dirigeants..............................173
    Conclusion...175
La fusion nucléaire..175
    Du carburant pour longtemps..................................177
    Peu de déchets dangereux générés.........................178
    Un atout pour le climat...178
    La fusion nucléaire, une technologie maîtrisée ?...179
    Conclusion...180

Quel mix énergétique faut-il donc adopter pour un futur durable ?..181

Annexe1 - Glossaire..190

www.ingramcontent.com/pod-product-compliance
Lightning Source LLC
Chambersburg PA
CBHW052351220526
45465CB00003BA/1061